Mitarbeitermotivation – worauf es wirklich ankommt

PRAXIUM-Verlag
Kalchbühlstr. 50
CH-8038 Zürich
Tel. + 41 44 481 14 64
Fax. + 41 44 481 14 65
www.praxium.ch

Werner Schröder

Mitarbeitermotivation – worauf es wirklich ankommt

Fallbeispiele, psychologische Erkenntnisse, Motivations- und Führungsprinzipien, konkrete Motivationsideen und Kommunikationsregeln zur Motivationssteigerung von Mitarbeitern im Betriebsalltag.

PRAXIUM-Verlag, Zürich

Der Autor

Werner Schröder war viele Jahre in führenden Positionen tätig. Seine breite Erfahrung in der Mitarbeiterführung und seine intensive Auseinandersetzung mit Fragen der Kommunikation und Motivation kommen daher in diesem Buch mit vielen Praxisbeispielen stark zum Ausdruck.

ISBN: 978-3-906092-38-6

1. Auflage 2019

Copyright © PRAXIUM-Verlag, Zürich
Alle Rechte vorbehalten
Umschlaggestaltung: Wilber's Grafik & Druckservices, Basel

Inhaltsverzeichnis

Bedeutung und Grundsätze der Motivation   10

Wichtige Voraussetzungen   34

Die zentralen Motivatoren auf einen Blick   52

Vorwort

In etlichen Mitarbeiter-Befragungen bezeichnet sich im Durchschnitt jeweils nur knapp ein Viertel der Befragten oder gar weniger als bei ihrer Arbeit hoch motiviert und engagiert; zwei Drittel sind moderat engagiert - gegen 14 Prozent haben innerlich oft schon gekündigt. Hinzu kommen Ängste und Unsicherheiten im Zuge der Digitalisierung, tiefgreifende Veränderungen in der Arbeitswelt 4.0 und neue Anforderungen an Job und Arbeit einerseits und neue Prioritäten der Generation Y und Z andererseits.

Diese Zahlen und Fakten belegen, wie dringend sich Unternehmen und Führungskräfte mit der Motivation auseinandersetzen und diese bei sich selbst und ihren Mitarbeitern verbessern müssen. Denn sich verändernde Ansprüche und Lebensgrundhaltungen – Stichworte sind dabei Work-Life-Balance, Burnout-Syndrome, ein neues Arbeitsverständnis, veränderte Grundwerte – kommen hinzu und erfordern zusätzliche Anstrengungen in einem komplexer werdenden Umfeld.

Dieses Buch versucht, die Motivation einerseits möglichst ganzheitlich anzugehen und andererseits pragmatische und praktische Hilfestellung zu leisten. Patentrezepte für eine "im Motivationsparadies schwebende Mitarbeiterschaft", kann kein seriöses Buch bieten. Konkrete Anregungen, unkonventionelle Ideen, Anleitungen zu motivierendem Führungsverhalten und praxiserprobte Handlungsgrundsätze und Erfahrungswerte aus der Unternehmenspraxis hingegen sehr wohl.

Wir laden Sie ein, es aktiv, kritisch und handlungsorientiert zu nutzen. Seien Sie sich aber bewusst: Motivation ist letztlich kein Management-Handwerk, das man sich bei Motivations-Gurus und an Seminaren auf die Schnelle zulegen kann, auch nicht mit diesem Buch. Motivation entspringt vielmehr – sowohl auf Ebene der Unternehmenskultur wie auch der gelebten Führungspraxis – einer gegenüber Menschen und deren Leistungen positiven und respektbasierenden Grundhaltung. Ohne sie sind alle Massnahmen und Verhaltensweisen zum Scheitern verurteilt und bleiben schiere Kosmetik.

Autor und Verlag

P.S Einige Wiederholungen von Aussagen sind bewusst, um deren Wichtigkeit zu betonen und punktuelle Leser darüber zu informieren.

Bedeutung und Grundsätze der Motivation

Motivation – ein Definitionsversuch

Etwas trocken, aber wohl in der ganzheitlichen Sichtweise zutreffend, kann Motivation wie folgt definiert werden: Zustand einer Person, der sie dazu veranlasst, eine bestimmte Handlungsalternative auszuwählen, um ein bestimmtes Ergebnis bzw. eine bestimmte Leistung zu erreichen und der dafür sorgt, dass diese ihr Verhalten hinsichtlich Richtung und Intensität beibehält.

Der Begriff der Motivation wird oft auch im Sinne von Handlungsantrieben oder Bedürfnissen verwendet. Twyla Dell definiert in seinem Buch "How to move people" nüchtern aber wohl sehr ganzheitlich: "Im Kern bedeutet Motivation, den Menschen das zu geben, was sie sich von der Arbeit am meisten erhoffen. Je mehr man in der Lage ist, ihnen das zu geben, desto eher kann man von ihnen das erwarten, was man sich wirklich wünscht: Produktivität, Qualität und Service".

Die generelle Wörterbuch-Definition

Wer eine breit und ganz korrekt abgestützte und ganzheitliche Definition wünscht: Motivation (lateinisch movere = bewegen; PPP = motum) bezeichnet innerhalb der Psychologie die Beweggründe oder Bereitschaft für ein spezielles Verhalten. In der Ethnologie wird immer häufiger der Begriff Handlungsbereitschaft verwendet. Die Motivation ist abhängig von der inneren Situation in Verbindung mit entsprechenden inneren (intrapersonellen) oder äusseren (interpersonellen) Reizen. Diese Reize können motivierend (die Motivation auslösend oder steigernd) oder demotivierend (die Motivation senkend oder auslöschend) sein.

Die wissenschaftliche Definition

Die Wissenschaft bezeichnet allgemein ausgedrückt Motive in der Psychologie als richtunggebende, leitende und antreibende psychische Ursachen des Handelns. Motive befähigen ihren Besitzer, bestimmte Gegenstände wahrzunehmen und durch die Wahrnehmung eine emotionale Erregung zu erleben, daraufhin in bestimmter Weise zu handeln oder wenigstens den Impuls zur Handlung zu verspüren. Es werden dabei zwischen biogenen oder primären Motiven und Sozionen oder sekundären Motiven unterschieden. Biogene sind angeboren und haben eine genetische Grundlage. Es gilt heute als sicher, dass auch angeborene Motive durch Umwelteinflüsse überlagert und ausgestaltet werden. Soziogene oder sekundäre Motive werden gelernt bzw. erworben. Für deren individuelle Ausprägung sind besonders die Einflüsse während der ersten Lebensjahre entscheidend.

Die pragmatische Definition

Interessant und sehr pragmatisch ist auch die Definition von Jörg Zeyeringer, dem Autor des übrigens sehr lesenswerten Buches "Der Treppenläufer": "Motivation heisst, ein klares, konkretes Ziel vor Augen zu haben, zu versuchen, es mit sehr hohem Einsatz zu erreichen und dabei konsequent bei der Sache zu bleiben". Grundsätzlich sollte Motivation von zwei Seiten aus betrachtet werden:

- Massnahmen, um andere Menschen für ein Vorhaben zu gewinnen, so dass sie idealerweise mit Begeisterung und Freude mitmachen.
- Massnahmen, die verhindern, dass Menschen demotiviert werden, also das dafür sorgen, dass die Beteiligten möglichst störungsfrei und effektiv arbeiten können.

Wirklich motivierte Mitarbeiter und Menschen sind von sich aus bereit, ihr Bestes an Leistung und Engagement zu geben, arbeiten aus einer inneren Überzeugung heraus und sind persönlich an einem guten Ergebnis und an guter Arbeitsqualität interessiert. Da Mitarbeitermotivation eng mit der persönlichen Prioritätensetzung von Beruf und Arbeit zusammenhängt, sollte man schon bei der Personalgewinnung stark auf Kriterien der Motivierbarkeit achten. Doch darüber hinaus ist Motivation eng mit Führungsqualitäten, Kommunikation, dem positiven Menschenbild und einer entsprechenden Unternehmenskultur verbunden.

Die Kunst, Mitarbeiter zu motivieren

Wer andere motivieren will, muss zunächst bei sich selbst anfangen – eine einfache aber grundlegende Voraussetzung. Eine ehrliche und selbstkritische Bestandsaufnahme der eigenen Persönlichkeit ist unerlässlich, wenn man Mitarbeiter für etwas gewinnen will. Um dies zu erreichen, muss man bei sich selbst Blockaden und hinderliche Einstellungen auflösen und sich über die zentralen Motivationsfaktoren und das Menschenbild im Klaren sein. Wer übrigens meint, Motivation von Mitarbeitern sei ein Thema moderner Mitarbeiterführung, irrt sich. Es war John Ruskin, der schon im Jahre 1851 treffend einige wesentliche Grundregeln der Motivation formulierte: "Damit die Menschen bei ihrer Arbeit glücklich sind, sind drei Dinge nötig: Sie müssen für ihre Arbeit geeignet sein, sie dürfen nicht zu viel arbeiten und sie müssen Erfolge erleben".

Der eigene Motivationsbeitrag

Bevor man an die Motivation anderer herangeht, sollte man sich zunächst eine ehrliche Antwort auf die Frage geben, was man selbst bereit ist, dafür zu tun, um andere zu motivieren. Andere zu motivieren bedeutet, dass Sie Kraft aufwenden müssen und aus einer glaubwürdigen Grundhaltung heraus ein ehrlicher und überzeugender Motivator sind. Sie selbst müssen mehr als alle anderen motiviert sein! Wenn Ihre eigene Motivation zu schnell nachlässt oder zu sprunghaft ist, werden Sie auch andere Menschen nicht dauerhaft motivieren können. Möglicherweise müssen Sie bei Konflikten vermitteln und schlichten und permanent bereit sein, selbst ständig dazuzulernen, Ihre Massnahmen zu überprüfen und zu ändern, wenn dies die Umstände erfordern.

Überprüfen Sie Ihr Menschenbild

Neben der eigenen Motivation sollte man sich aber auch der Einstellungen und Glaubenssätzen anderer Menschen bewusst sein. Die Einstellung und Grundhaltung ist entscheidend: Von Ihrer Einstellung und dem ehrlichen Respekt anderen Menschen und der Leistungsfähigkeit Mitarbeitern gegenüber hängt nicht nur ab, wie Sie diese und ihre Bemühungen erleben, sondern auch, wie Sie selbst auf andere wirken und damit wie erfolgreich Ihre Motivationsanstrengungen überhaupt sind.

Wie man in den Wald hineinruft, so schallt es zurück! – wie immer es um eine Einstellung steht, Mitarbeiter spüren instinktiv, wie Sie über sie denken und was Sie von Ihnen halten. Wenn Sie z.B. der Meinung sind, dass ihr Assistent im Grunde zu nichts zu gebrauchen ist, dann wird er das spüren und unbewusst entweder Ihrem Bild nachkommen oder sich zumindest abwehrend verhalten und ihre Glaubwürdigkeit in Frage stellen. Gehen Sie aber offen und positiv auf andere Menschen zu, werden diese viel eher genau Ihren Erwartungen entsprechen.

Merkpunkt für die Praxis

Ein positives und respektbasierendes Menschenbild und die Bereitschaft zur Wertschätzung von Leistungen und zur Mitarbeiterförderung sind vielleicht die wichtigsten Voraussetzungen für eine wirksame Mitarbeitermotivation. Achten Sie vor allem bei der Rekrutierung von Führungskräften auf diese Grundhaltung. Das Menschenbild ist ein Grundwert, der nur schwer verändert werden kann.

Die Bedeutung von persönlichen Grundwerten

Erkennen Sie Ihre Glaubenssätze und die Leitmotive anderer Menschen und Mitarbeiter – entscheidend ist, dass Sie sich über Ihre Einstellungen gegenüber Menschen bewusst werden. Beantworten Sie deshalb die folgenden Fragen für sich selbst so ehrlich wie möglich:

- Was sind die Botschaften über andere Menschen, die Sie in Ihrer Kindheit gehört haben?
- Was haben z.B. Ihre Eltern über die Nachbarn oder über Freunde und Minderheiten gesagt?
- Was fällt Ihnen spontan zu dem Wort "Menschheit" ein?
- Was trauen Sie - ganz grundsätzlich - anderen Menschen zu?
- Wie ist Ihre ehrliche Meinung von jeder einzelnen Person, mit der Sie zusammenarbeiten oder ein Projekt vorhaben?
- Was halten Sie von ihnen? Wie ist Ihre Wertschätzung den einzelnen Personen gegenüber?
- Wie offen sind Sie gegenüber den Ideen, Ansichten und Meinungen anderer Menschen?
- Wie reagieren Sie auf ausgefallene Vorschläge?
- Wie ehrlich können Sie die Leistungen anderer Menschen anerkennen, ohne neidisch zu sein oder Angst zu bekommen, ein anderer könnte besser sein als Sie?
- Wie realistisch oder vielleicht überzogen sind diese Ansprüche?

Die Problematik negativer Einstellungen und Grundwerte

Wenn Sie bei der Beantwortung der oben gezeigten Fragen feststellen, dass Sie von vornherein eher eine negative Einstellung gegenüber anderen Menschen haben, ihnen misstrauen oder befürchten, andere könnten Ihnen überlegen sein, dann sollten Sie daran arbeiten. Sie brauchen eine positive und respektbasierende Einstellung Menschen gegenüber, wenn Sie diese wirklich motivieren wollen. Setzen Sie sich konkrete Ziele dahin gehend, welche Einstellungen Sie verändern wollen. Nutzen Sie dazu z.B. bestimmte Mentaltechniken oder Affirmationen. Lesen Sie Bücher, die Sie positiv motivieren und tauschen Sie sich mit Menschen aus, die anderen gegenüber eine positive Einstellung haben.

Die nachfolgende Tabelle zeigt Leitmotive bzw. Grundwerte von Mitarbeitern, die individuell sehr unterschiedlich sein können. Sie zu kennen ist äusserst wichtig für eine motivierende Führung. Das dann folgende Fallbeispiel zeigt ein konkretes Vorgehen auf.

Individuelle Leitmotive von Mitarbeitern Es ist wichtig, die individuellen Leitmotive und Grundwerte von Mitarbeitern zu kennen, um persönlichkeitsgerecht motivieren zu können	ausgeprägt	vorhanden	irrelevant
Name Mitarbeiter:			
Funktion:			
Jahresziele:			
Leitmotive des Mitarbeiters			
Streben nach und Erzielen von Erfolg			
Massnahmen:			
Hoher Leistungswille und -bereitschaft			
Massnahmen:			
Sicherheit des Arbeitsplatzes und Arbeitens			
Massnahmen:			
Anerkennung und Wertschätzung			
Massnahmen:			
Teamharmonie und Kommunikation			
Massnahmen:			
Status und Karriere			
Massnahmen:			
Weiterentwicklung der gesamten Persönlichkeit			
Massnahmen:			
Ausgeprägte Kreativität und Schaffenskraft			
Massnahmen:			

Fallbeispiel: Nach Motivationsprofil handeln

Ausgangslage

Barbara A. ist Sachbearbeiterin in einem Handelsunternehmen. Ihr Vorgesetzter führt ein Team von 10 Mitarbeitern, die in ihren Persönlichkeiten, Stärken und Interessen sehr unterschiedlich sind. Barbara A. zeigt seit einigen Wochen Desinteresse und ist wenig engagiert. Nun versucht ihr Vorgesetzter, ihre individuellen Motive zu erkunden.

Mitarbeiterpersönlichkeit

Barbara A. ist eine eher ruhige Mitarbeiterin, die sich im Hintergrund aufhält. Status und Karriere bedeuten ihr nicht viel und sie ist oft unsicher und sucht nach Anerkennung ihrer Arbeit und Leistung.

Beobachtung

Barbara A. arbeitet aber sehr genau und hat ein ganz besonderes Talent, mit Excel, Zahlen und Analysen zu arbeiten und diese dann hervorragend strukturiert und mit Grafiken dargestellt für Präsentationen auszuarbeiten. Nur solche Aufgaben hat sie zurzeit eher wenige und sie arbeitet aber oft in Teams und Projekten, wo sie sich aufgrund ihrer Persönlichkeit nicht sehr wohl fühlt.

Massnahmen

In Absprache mit dem Team verändert ihr Vorgesetzter nun ihre Aufgaben. Er hat mit Barbara A. ein Gespräch geführt und sie auf seine Eindrücke angesprochen. Daraufhin nimmt ihr Vorgesetzter sie aus den Teams zurück und gibt ihr neu Excel-Arbeiten aus den Bereichen Reporting, HR- und Marketinganalysen. Für die Geschäftsleitung übernimmt Barbara A. auf Initiative ihres Vorgesetzten ein Kleinprojekt, in dem sie Vorlagen und Gestaltungsideen für das Management-Reporting erstellt und den nächsten Report von A-Z gestalten und layouten kann. Dafür organisiert ihr Vorgesetzter einen Fortgeschrittenen-PowerPoint-Kurs, in dem sie ihr Talent und das Anwendungsspektrum gezielt erweitern und vertiefen kann.

Resultate

Der Vorgesetzte hat Barbara A. schnell und offen auf das Problem angesprochen und durch Beobachtungen und das Gespräch hat er ihre Stärken erkannt und gesehen, für welche Aufgaben ihr "Herz schlägt". Die Änderung ihrer Aufgaben durch ein Job-Enlargement, ein das Selbstvertrauen stärkendes Projekt mit Erfolgserlebnissen und eine konkrete Weiterbildungsmassnahme bewirkten, dass Barbara A. ihre Motivation und Leistungsfreude nicht nur zurückgewinnen, sondern vervielfachen kann.

Feedback einholen und kontinuierlich an sich arbeiten

Es ist sehr wichtig, sich selbst immer wieder zu überprüfen. Auch wenn Sie vielleicht glauben, alle hinderlichen Einstellungen beseitigt zu haben und bereits alle möglichen Motivationselemente einzusetzen, so sollten Sie sich dennoch immer wieder Feedback holen. Sie können Freunde oder Bekannte bitten, Ihnen ehrlich zu sagen, welchen Eindruck Sie auf sie machen. Sie sollten immer auch Ihre Mitarbeiter und Mitarbeiterinnen direkt um Feedback zu Ihren Aktionen und Massnahmen bitten. Fragen Sie konkret danach, was Sie besser tun können und ob und wie Sie vielleicht andere demotivieren. Bedanken Sie sich für alle Vorschläge, die Sie bekommen und seien Sie auch für konstruktive Kritik dankbar. Haben Sie den Mut, auch ruhig einmal unkonventionelle Ansätze auszuprobieren. Seien Sie bereit, ständig an sich zu arbeiten und Ihre Motivations- und Führungsfähigkeiten kontinuierlich zu verbessern. Wenn Sie erkennen, dass die Motivation anderer Menschen immer bei Ihnen selbst beginnt, sind Sie einen grossen Schritt weitergekommen.

Das motivationsfördernde Arbeitsklima

Die grösste Motivation entsteht aus der Freude und dem Spass am Tun und Arbeiten und ist von Begeisterung getragen. Damit aber die Arbeit oder die Aufgabe mit Freude angegangen wird, müssen bestimmte Faktoren vorherrschen. Entscheidend dabei ist, sich stets bewusst zu sein, dass die Bedürfnisse von Menschen sehr unterschiedlich sein können. Je besser Sie die Bedürfnisse Ihrer Mitarbeiter – mehr noch ihre Sehnsüchte, ihre Talente, ihre Wünsche, ihre Lebensziele, ihre Träume – kennen, desto besser und individueller können Sie darauf eingehen.

Das Wohlbefinden von Mitarbeitern

Das Wohlbefinden von Menschen beeinflusst ihre Motivation. Wohlbefinden können Sie durch zahlreiche Faktoren schaffen: Ehrliche Anerkennung, freundliche Farb- und Einrichtungsgestaltung, Pflanzen, kommunikationsfördernde Treffpunkte, kleine Angebote, unerwartete Überraschungen, das gemeinsame Feiern von Erfolgen und erbrachten Leistungen. Die Vorteile, die Sie durch zufriedene und motivierte Mitarbeiter erlangen, sollten Sie immer mit einrechnen.

Die Bedeutung von Humor und Spass

In Ihrem Unternehmen, Team oder Projekt sollte nicht alles zu ernst zugehen – eine lockere und humorvolle Atmosphäre ist ein ausgezeichneter Nährboden für Motivation und Spass an der Leistungserbringung. Freude und Humor tragen ganz wesentlich zum Wohlbefinden bei. Menschen, die über sich selbst lachen können, gehen mit Problemen viel leichter um und finden schnell neue Energien, bei Schwierigkeiten weiterzumachen. Lachen Sie gemeinsam über ein Missgeschick und packen Sie dann die Lösung an – auch Selbstironie oder grundsätzliches humorvolles Hinterfragen kann sehr sympathisch wirken. Zum Arbeitsklima die pointierte Meinung einer Führungskraft: "Die Sorge für die richtige Stimmung in der Mannschaft gehört zu jenen Bausteinen guter Unternehmensführung, um die sich jeder Manager persönlich kümmern muss.".

Sinngebung ist von zentraler Bedeutung

Menschen, die das Gefühl haben, dass ihre Tätigkeit sinnvoll ist, dass das Unternehmen ihre Leistung benötigt und anerkennt und die täglich spüren und erleben, dass sie gebraucht werden, arbeiten sehr viel motivierter als Personen, die das nicht so empfinden. Machen Sie Ihren Mitarbeitern immer wieder klar, was sie für die Firma oder das Projekt leisten und wie wertvoll und für das Unternehmen relevant ihre Leistungen sind. Sorgen Sie dafür, dass der Sinn und die Bedeutung jedes einzelnen Arbeitsplatzes für alle Beteiligten transparent ist und auch kommuniziert wird.

Merkpunkt für die Praxis

Erst sinngebende Arbeit macht einen kreativen Ausdruck der Mitarbeiterpersönlichkeit möglich und spricht sie konsequent mit allen ihren Stärken, Talenten, Fähigkeiten und Lebenserwartungen an. je mehr dabei Privates und Berufliches, also der Mitarbeiter in seiner gesamten Person, sich einbringen kann, desto stärker und nachhaltiger ist die Sinngebung und Motivation.

Gertrud Höhler, Managementberaterin und Buchautorin, bringt es in einem Interview zu Ihrem Buch "Die Sinn-Macher" auf den Punkt: "Unternehmen müssen Mitarbeitern ein Umfeld schaffen, in dem Angestellten klar wird: Hier bin ich nicht bloss für die Firma. Hier bin ich auch für mich". In diesem Interview weist die Autorin auch zu Recht darauf hin, dass es für Unternehmen gegenüber Führungskräften nur schon darum eine Verpflichtung sein sollte, deren Arbeit Sinn zu geben, da diese immerhin den Löwenanteil ihrer Lebenszeit im Unternehmen beansprucht.

Lassen Sie Ihre Tür stets offen für Gespräche

Hören Sie zu, wenn Ihre Mitarbeiter und Mitarbeiterinnen etwas sagen. Hören Sie sich interessiert ihre Vorschläge und Ideen an, auch wenn Sie vielleicht sofort erkennen, dass sie nicht realistisch oder durchführbar sind. Hören Sie sich auch Vorwürfe und Kritik an. Denken Sie immer daran, dass Sie aus allem, was Ihre Mitarbeiter oder Teammitglieder sagen, etwas über die Stimmung und damit auch über die individuelle Motivation erfahren können. Noch so beiläufig scheinende Randbemerkungen, private Sorgen oder Stresssituationen und Zeichen mangelnden Selbstvertrauens sollten Sie jederzeit Beachtung schenken und darauf reagieren.

Anreize und Herausforderungen schaffen

Belohnungs- und Anreizsysteme können eine grosse Motivationskraft haben, wenn Sie dabei folgende Punkte beachten: Was ein wirklicher Anreiz ist, ist für jeden Mitarbeiter verschieden. Meistens ist es nicht die Lohnerhöhung oder der Bonus, die effektiv zur nachhaltigen und echten Motivation beitragen. Der eine sehnt sich vielleicht viel mehr nach persönlichem Lob und gezielter Anerkennung, eine andere Mitarbeiterin freut sich über kleine Geschenke, wieder ein anderer möchte so gerne einmal in der Firmenzeitschrift lobend erwähnt werden und noch ein anderer würde sich über ein paar spontan bewilligte, freie Freizeitstunden freuen. Und nicht immer kosten Belohnungen viel Geld. Es sind manchmal nur und vor allem die kleinen Gesten und Anerkennungen, die als eine ehrliche und wirksame Belohnung empfunden werden.

Förderung von Engagement

Förderung von Mitarbeitern

Ermutigen Sie Mitarbeiter dazu, über sich selbst hinauszuwachsen und bieten Sie die notwendigen Herausforderungen, dies tun zu können. Fördern Sie Höchstleistungen und haben Sie keine Bedenken davor, dass andere besser werden könnten als Sie. Wenn Sie das befürchten, ist die Gefahr gross, möglicherweise das Leistungsniveau künstlich niedrig zu halten und dabei auf der "Leistungsbremse zu stehen". Begrenzen Sie die Leistungen Ihrer Mitarbeiter oder Projektmitglieder nicht dadurch, dass Sie ihnen weniger zutrauen, als vielleicht möglich ist. Seien Sie offen für interessante Ideen und bahnbrechende Erfolge. Oft stellen wir selbst durch unsere Ängste oder unseren Pessimismus die eigentliche Begrenzung dar. Wichtig ist in diesem Zusammenhang auch, die Erfolgswahrscheinlichkeit so anzusetzen, dass sie relativ hoch und somit herausfordernd ist, aber nicht zu tief, da ohne Ehrgeiz und mit Unterforderung Ziele an Attraktivität verlieren.

Eigenverantwortung ermöglichen

Wer eigenverantwortlich handelt, ist oft viel stärker motiviert gute Leistungen zu vollbringen, als derjenige, der nur auf Anweisungen reagieren muss. Lassen Sie deshalb Ihren Mitarbeiterinnen und Teammitgliedern Freiräume – gestehen Sie ihnen Kompetenzbereiche zu, in denen sie ganz allein entscheiden können. Kontrollieren Sie nicht die Arbeit des Einzelnen, aber erwarten Sie Rechenschaft für das Tun und für getroffene Entscheidungen. Ermöglichen Sie, dass die Beteiligten unternehmerisch denken und handeln können. Dazu wiederum müssen Sie für Transparenz sorgen. Zahlen, Daten und Fakten über das Unternehmen, Projekte oder Vorhaben müssen allen leicht und ständig zugänglich sein. Nur so können die Einzelnen ihre Entscheidungen in einem grösseren Kontext treffen und die Wirkung einschätzen lernen. Und Sie selbst müssen bereit sein, Entscheidungskompetenz abzugeben.

Ehrgeiz erzeugen und fördern

Ein zu starker Ehrgeiz ist schädlich für ein gutes Arbeitsklima und kann sich belastend oder sogar kreativitätshemmend auswirken. Aber ein gesunder, sportlicher Ehrgeiz kann die Motivation positiv steigern. Es geht ganz einfach darum, in einer Art von sportlichem Ehrgeiz Lust daran zu bekommen, das Beste zu geben und sich mit anderen zu messen. Versuchen Sie ein Klima von gesundem Wettstreit zu entwickeln. Denken Sie daran, dass im Sport auch nur dann Höchstleistungen entstehen, wenn die Sportler sich mit anderen messen können.

Mut und Risikofreudigkeit belohnen

Es wird immer wieder Mitarbeiter geben, die sich mit ungewöhnlichen Ideen oder Aktionen von den anderen absetzen. Auch wenn jemand über das Ziel hinausschiesst oder möglicherweise Kompetenzen überschreitet, sollten Sie dieses Engagement grundsätzlich positiv bewerten. Nutzen Sie die Energien und die Dynamik solcher Menschen und leiten Sie sie durch konstruktive Gespräche und ungewöhnliche Massnahmen in die Richtung, die Sie sich wünschen. Solche Menschen können, wenn sie ein zu ihnen passendes Betätigungsfeld bekommen, oft Erstaunliches leisten.

Motivationsfaktoren innerhalb der Arbeitsaufgabe

Es gibt eine Reihe von Faktoren innerhalb einer Arbeitsorganisation, die die Zufriedenheit der Mitarbeiter beeinflussen. Dies sind zum einen

Faktoren, die untrennbar mit der Arbeitsaufgabe selbst verknüpft sind. Sie lassen sich nicht verändern, ohne die Arbeitsaufgabe selbst zu ändern. Daher werden diese Faktoren auch als intrinsische Motivatoren bezeichnet. Je stärker das Bedürfnis der Mitarbeiter nach persönlichkeitsförderlicher Arbeit ist, desto stärker wirken Veränderungen intrinsischen Faktoren auf die Zufriedenheit und die Motivation.

Motivationsfaktoren ausserhalb der Arbeitsaufgabe

Neben den Motivationsfaktoren, die unmittelbar von der eigentlichen Arbeitsaufgabe abhängen, wird bei vielen Projekten zur Organisationsgestaltung auf weitere Anreize geachtet, die sich relativ unabhängig von der Kernaufgabe beeinflussen lassen. Die Massnahmen zur Verbesserung dieser Anreize erscheinen auf den ersten Blick leichter umsetzbar zu sein, da nicht unbedingt Arbeitsabläufe umstrukturiert werden müssen. Persönlichkeitsförderliche Arbeit im Sinne hoher Eigenverantwortung wird aber nicht immer von allen Mitarbeitern bedingungslos gewünscht. Genau dann erreicht man über aufgabenexterne, also extrinsische Motivationsfaktoren kurzfristig eine schnellere Steigerung der Zufriedenheit. Sind diese Spielräume aber ausgereizt lässt die Wirkung schnell nach.

Unterschiedliche Motivationsformen

Primäre Motivation

Diese ergibt sich aus den Grundbedürfnissen der Menschen. Jeder Mensch hat Hunger und braucht Nahrung. Wenn ein Mensch friert, hat er das natürliche Bedürfnis nach Kleidung und Wärme. Primäre Motivation ist also jener Bedarf von uns Menschen an Dingen, ohne die wir nicht überleben könnten.

Sekundäre Motivation

Sekundäre Motivation entwickelt sich aus unserem Umfeld, unseren Lebensumständen heraus. So sehnen wir uns nach sozialen Kontakten sowie Sicherheit und Anerkennung.

Intrinsische Motivation

Hier kommt der Antriebsmotor des Menschen aus seinem Inneren heraus, es handelt sich um die Eigenmotivation. Dieser Motivation messen mittlerweile über 80% der Personalleiter die grösste Bedeutung zu. Der Mensch strebt nach Selbstverwirklichung, ist ehrgeizig und will dazu lernen. Bewunderung von aussen oder materielle Werte spielen keine Rolle. Die Handlung, die aus dieser Motivation entsteht, dient der persönlichen Befriedigung. Faktoren wie Spass und Interesse an einer Sache zu haben und aus eigenem Antrieb heraus auf Talenten und

Stärken basierend Leistungen zu erbringen, stehen bei der intrinsischen Motivation im Vordergrund. Sie ist wesentlich nachhaltiger und leistungsfördernder als die extrinsische Motivation, denn sie trägt Mitarbeiter weiter als nur bis zur nächsten Gehaltsabrechnung. Noch stärker kann sich intrinsische Motivation entfalten, wenn Unternehmen Sinnstiftung und Identifikationsmöglichkeiten mit der Arbeit bieten.

Extrinsische Motivation

Hierbei spielen äussere Anreize wie Entlohnung, Beförderung, Gehaltserhöhung und Anerkennung eine grosse Rolle. Es ist eine Motivationsform, die vom Unternehmen und Vorgesetzten von aussen aktiv initiiert und "geboten" wird. Motivation durch finanzielle Mittel ermöglichen es dem Angestellten sich private Wünsche und Träume zu verwirklichen.

Merkpunkt für die Praxis

Der wirkungsvoll kombinierte Einsatz beider Motivationsebenen ist – konsequent auf individuelle Mitarbeiterbedürfnisse ausgerichtet – von grosser Bedeutung. Die folgende Tabelle zeigt konkrete Beispiele intrinsischer und extrinsischer Motive auf einen Blick.

Unbewusste Motivation

Unbewusste Motivation lässt Handlungen ausführen, die Menschen Schaden zufügen könnten (z.B. Suchtverhalten, ungesunde Ernährung usw.). Sigmund Freud hat daraus unbewusste Motive als Handlungsursache aufgeworfen. Die Begründung liegt in Motiven, die in der Kindheit entstanden sind und dem Erwachsenen nicht bewusst sind.

Bewusste Motivation

Bewusste Motivation lässt Handeln zu, über welches man sich im Klaren ist und mit dem man ein bestimmtes Ziel erreichen möchte. Diese Motivation – gepaart mit der oben vorgestellten intrinsischen Motivation – ist eine ideale Kombination, um Leistungen mit einer kontinuierlichen Motivation erbringen zu können.

Merkpunkt für die Praxis

Das Wichtigste in Kürze: Wertschätzen Sie die Leistungen Ihrer Mitarbeiter, zeigen Sie Interesse an deren Meinung, geben Sie oft positives Feedback und loben Sie konkret und talentbezogen. Nur schon damit erreichen Sie viel.

Intrinsische und extrinsische Anreize und Motivatoren	stark ausgeprägt	teilweise vorhanden	nicht vorhanden
Intrinsische (innere) Motivatoren			
Ausgeprägte Zielorientierung			
Ehrgeiz			
Spass			
Statusstreben			
Erfolgsstreben			
Sicherheitsbedürfnis			
Starkes Ordnungs- und Strukturbedürfnis			
Gemeinschaftssinn und Teamintegration			
Sinngebung und Selbstverwirklichung			
Unternehmensidentifikation			
Extrinsische (äussere) Motivatoren			
Entlöhnung, Boni, Incentives usw.			
Anerkennung und Lob			
Personalentwicklung und Lernumfeld			
Laufbahn und Karriere			
Beförderung			
Arbeitsplatz			
Arbeitshilfsmittel			
Dienstleistungen und Sozialangebot			

Herzbergs Zwei-Faktoren-Theorie

Herzberg hat seine 2-Faktoren-Theorie auf einer Untersuchung aufgebaut, bei der Arbeitnehmer nach Situationen im Arbeitsleben gefragt wurden, bei der sie grosse Zufriedenheit bzw. Unzufriedenheit verspürt haben. Diese zwei Faktoren beschrieb er in weiterer Folge als Motivatoren und Hygienefaktoren.

Motivatoren

Mit ihnen ist es möglich, Zufriedenheit zu bewirken. Ohne sie stellt sich eine Situation der Nicht-Zufriedenheit ein. Motivatoren sind stark an den Arbeitsinhalt gebunden: Anerkennung für geleistete Arbeit, Arbeitsinhalt und Aufstiegschancen sind Beispiele.

Hygienefaktoren

Hygienefaktoren betreffen die Grundbedürfnisse der Arbeit wie

- Arbeitsplatzbedingungen und Arbeitsplatzsicherheit
- Führungsstil
- Gehalt und Incentives

Verbesserungen dieser Hygienefaktoren können die Motivation als Ganzes durchaus erhöhen und so zum Beispiel die Einstellung zur Arbeit positiver gestalten. Deren Fehlen kann aber die eigentlichen Motivatoren wie Anerkennung und sinngebende Arbeitsinhalte wirkungslos machen. So kann ein Unternehmen in der Führung und Kultur eine vorbildliche Arbeitszufriedenheit erzielen, müssen aber deren Mitarbeiter um die Sicherheit der Arbeitsplätze bangen oder haben kein Vertrauen in die strategische Ausrichtung, sind diese Motivatoren nahezu wirkungslos. Sie genügen auch für sich allein nicht, um eine tatsächliche Arbeitszufriedenheit zu schaffen. Die nachfolgende Gegenüberstellung verdeutlicht die Unterschiede mit Beispielen:

Motivatoren	Hygienefaktoren
Chance zur Leistungserbringung	Unternehmenspolitik
Anerkennung und Lob	Richtlinien und Reglemente
Herausfordernde Ziele	Klare Arbeitsbedingungen
Möglichkeit zur Verantwortung	Entlöhnung und Incentives
Persönl. Entwicklungsperspektiven	Status und Sicherheit
Förderung und Wachstum	Private, beeinflussende Situation

Erfolgssucher und Erfolgsmeider

Zahlreiche Untersuchungen zum Thema Motivation zeigen, dass bei Menschen oft zwei grundsätzlich verschiedene Motivationstendenzen vorherrschen: Jene, die von Hoffnung auf Erfolg geleitet werden und jene, die primär von der Angst vor Misserfolg geprägt sind. Erfolgssucher sehen demnach die Gründe für ihre Erfolge in ihren Fähigkeiten und Kompetenzen, währenddessen die zweite Kategorie die Umstände verantwortlich macht und bestenfalls von Glück spricht, wenn sich Erfolg einstellt. Die Tragik der Misserfolgsmeider ist die der sich oft selbst erfüllenden Prophezeiung, da dieser oft davon ausgeht, dass sein Vorhaben erfolglos sein wird.

Individuelle Motivationsprofile

Steven Reiss, bekannter amerikanischer Motivationsforscher, unterscheidet 16 unterschiedliche Motivationen und meint: "So wie jeder Mensch unterschiedliche Fingerabdrücke hat, hat er auch sein persönlich unverwechselbares Motivationsprofil". Die Vielfalt dieser Motivationen und deren Individualität sind auf der folgenden Tabelle ersichtlich und kommentiert. Die dann folgende Übersicht zeigt die Zusammenfassung der wichtigsten Motivationsinstrumente auf einen Blick.

Merkpunkt für die Praxis

Motivation nach dem Giesskannenprinzip scheitert oft. Menschen haben individuelle Lebens- und Grundwerte, die es zu berücksichtigen gilt. Wer primär auf Arbeitsplatzsicherheit aus ist, hat völlig andere Bedürfnisse und Prioritäten als jene, die primär mit Talenten und Ambitionen Erfolge erzielen möchten.

Motivationen nach Steven Reiss, Motivationsforscher	
Macht	Streben nach Erfolg, Leistung, Führung, Ansehen, Status
Unabhängigkeit	Streben nach persönlicher Freiheit, Autarkie, Selbstbestimmung
Neugier	Streben nach Wissen, Abwechslung und Wahrheit
Anerkennung	Streben nach sozialer Akzeptanz, Zugehörigkeit und Selbstwert
Ordnung	Streben nach Stabilität, Organisation und Strukturen
Sparen und Sammeln	Streben nach dem Anhäufen materieller Güter
Ehre	Streben nach Loyalität und charakterlicher Integrität
Idealismus	Streben nach sozialer Gerechtigkeit, Fairness und Perfektion
Beziehungen	Streben nach Freundschaft, Kameradschaft, Humor, Zusammengehörigkeit
Familie	Streben nach eigenen Kindern, Familie
Stand	Streben nach Reichtum, sozialer Stellung
Rache und Wettkampf	Streben nach Konkurrenz und Kampf
Romantik	Streben nach erotischem Leben, Sexualität und Schönheitsidealen
Ernährung	Streben nach Primärbedürfnis Essen und Nahrung
Körperliche Aktivität	Streben nach Fitness und Bewegung
Ruhe	Streben nach Entspannung, Regeneration und emotionaler Sicherheit

Der Performer	Der Perspektiv-Sucher
Der Performer ist der ehrgeizige und ambitionierte Mitarbeiter mit hoher Leistungsbereitschaft und – orientierung, der zeigen will, was er kann und oft sehr zuverlässig ist.	Er trachtet nach Selbstverwirklichung, ist an seiner Weiterentwicklung interessiert, ist oft überdurchschnittlich intelligent und braucht vielseitige Herausforderungen.
Grundwerte	**Grundwerte**
Seine Grundwerte sind sehr oft Erfolg, Leistung, Anerkennung. Der Wille, seine Fähigkeiten einzusetzen und Dinge bewegen zu können sind stark ausgeprägt. Er ist der Macher mit ausgeprägter Zielorientierung.	Seine Grundwerte sind sehr oft Werteschaffung, Zielorientierung, Weiterentwicklung, Kreativität. Er ist an der Ganzheitlichkeit der persönlichen Entwicklung interessiert und stellt hohe Ansprüche.
Motivierbarkeit	**Motivierbarkeit**
Klar und eindeutig messbare Ziele und Aufgaben, ein kontinuierliches Erfolgsfeedback von Kunden und Vorgesetzten und Aufgabenvariationen sind hier geeignet.	Variationsreiche Herausforderungen, Eigenverantwortung und Freiräume sind wichtig. Hinzu kommen Laufbahnberatung und eine gezielte Personalentwicklung.

gut motivierbar und überdurchschnittlich leistungsorientiert

Der Sicherheitsbedachte	Der Team-Interessierte
Beruf und Arbeit bedeuten ihm primär Garantien für Sicherheit des Arbeitsplatzes und materielle Gegenleistung für seinen Einsatz.	Die Gemeinschaft, Teamgeist, Interaktion, soziale Bedürfnisse und ein freudebetontes Arbeiten sind die primären Bedürfnisse.
Grundwerte	**Grundwerte**
Seine Grundwerte sind entsprechend Sicherheit, Stabilität, Kontrollierbarkeit und Berechenbarkeit. Werden diese erfüllt, zeichnet er sich durch zuverlässige und stabile Leistungserbringung aus.	Seine Grundwerte liegen im sozialen Bereich. Solidarität, Humor, Spass, Geborgenheit und Anerkennung sind ihm wichtig. Die Teamrelevanz kann zu guter Leistungsbereitschaft führen.
Motivierbarkeit	**Motivierbarkeit**
Leistungsgerechte Entlöhnung, Incentives und Boni, Status, Arbeitsplatz-Sicherheit, Ergonomie und klar definierte Rahmenbedingungen bei Aufgaben und Zielen.	Gutes Betriebs- und Teamklima, kommunikative Führung, Rituale, das Wir-Gefühl und eine entsprechende Unternehmenskultur sind hier die Möglichkeiten.

schwerer motivierbar und weniger leistungsorientiert

Die Bedeutung der Mitarbeiter-Individualität

Was in der Unternehmenspraxis oft zu kurz kommt oder oft gar missachtet wird, ist die Tatsache, dass Motivation von vielen Faktoren abhängt und vor allem primär die Individualität und Persönlichkeit eines jeden einzelnen Mitarbeiters berücksichtigen sollte. Steven Reiss, ein bekannter Motivationsforscher, unterscheidet gar unterschiedliche Motivationen und meint: „So wie jeder Mensch unterschiedliche Fingerabdrücke hat, hat er auch sein persönlich unverwechselbares Motivationsprofil".

Ist dem so, zeigt auch dies deutlich: Einer der grössten Fehler bei der Motivationsförderung ist die Missachtung unterschiedlich motivierbarer Gruppen von Menschen und Bedürfnisse von Individuen. Motivation nach dem Giesskannenprinzip versagt. Auch Dogmen sollte man mit Vorsicht begegnen, sondern Massnahmen, Prioritäten und Stossrichtungen auf individuelle Gegebenheiten abstimmen.

Individualität ist entscheidend

Das Top-Motivationsprogramm schlechthin gibt es also wohl nicht. So wie der situative Führungsstil kein starres Modell mit allgemeiner Gültigkeit fordert, gilt es auch in der Motivation von Mitarbeitern, vor allem Persönlichkeit und die individuelle Situation zu berücksichtigen. So gesehen sind generelle Motivationsprogramme, Bonusmodelle, Work-Life-Balance-Massnahmen und mehr, um nur einige Beispiele zu nennen, kritisch zu hinterfragen oder zumindest sehr differenziert aufgrund bestehender Mitarbeiterbedürfnisse anzuwenden und zu konzipieren.

Konkret heisst das: Auf Sicherheit bedachte Mitarbeiter sind mit der Arbeitsplatzsicherheit zu motivieren, leistungsbewusste mit interessanten Herausforderungen und attraktiven Arbeitsinhalten – wogegen jüngere Mütter durch Work-Life-Balance Massnahmen besonders nachhaltig motiviert werden können. Auch der Lifecycle eines Mitarbeiters spielt eine Rolle: bei älteren Mitarbeitern ist die Sicherheit wichtig, bei jüngeren beispielsweise Karriere und Laufbahn.

Weitere Einflussfaktoren

Motivation und deren Wirksamkeit und Strategie hängt aber auch von Faktoren wie den folgenden ab – und auch diese werden vielfach von individuellen Profilen und Erwartungen von Mitarbeitern beeinflusst:

- Stärken und Erfahrungen von Arbeitgebern
- Lebensarbeitszeitphasen
- Profil und Eckwerte des Employer Brandings
- Zusammensetzung der Belegschaft

Mitarbeitermotivation und die Digitalisierung

Die Digitalisierung krempelt die Arbeitswelt um, und war gleich auf mehreren Ebenen. Oft herrscht Unsicherheit oder gar Angst, diesen Veränderungen nicht gewachsen zu sein oder gar den Arbeitsplatz zu verlieren.

Die Schlüsselrolle des HR

Dem HR kommt eine besonders wichtige Aufgabe und Verantwortung zu, Führungskräfte zu unterstützen und die Geschäftsleitung zu beraten, beispielsweise in der Qualifizierung von Mitarbeitern, die Integration der Digitalisierung in die Führungskräfteentwicklung, Sicherstellung und Organisation der Kommunikation und die Motivation der Mitarbeiter zur positiven Mitgestaltung. Die Verantwortung des HR besteht auf einen Nenner gebracht im Wesentlichen darin, Führungskräfte und Mitarbeiter für den digitalen Wandel zu befähigen und diesen selbst auf allen Ebenen aktiv mitzugestalten.

Die Kommunikation

Die Kommunikation zwischen allen Mitgestaltern, Betroffenen und Verantwortlichen muss zielgruppengerecht, verständlich und vertrauensfördernd sein. Hier sind beispielsweise erklärende Informationen, Gründe von Zielen und Strategien und ein Überblick zu Digitalisierungs-Aktivitäten von besonderer Bedeutung. Regelmässige Informationsveranstaltungen, Erfahrungsberichte Betroffener, Klarheit, was wo weshalb geschieht und wer wie davon betroffen ist, sind dabei einige wichtige Punkte. Wer ist wie mit welchem Nutzen von der Digitalisierung betroffen, kann oft eine einfache Schlüsselinformation sein. Auch Selbstkritik und das Eingestehen von Fehlern sind vertrauensfördernde Faktoren. Erfolgsrelevant sind viele Faktoren sowohl beim Digitalisierungsprozess wie auch bei den Voraussetzungen in den Unternehmen. Vieles ist eine Frage der Unternehmensgrösse und -kultur, des Stellenwertes der Digitalisierung, der Change Management-Erfahrungen, der Unterstützung des Top Managements und welche Bereiche wie stark von den Veränderungen und dessen Tempo betroffen sind.

Die Unternehmenskultur ist der entscheidende Erfolgsfaktor

Von zentraler Bedeutung ist dabei die Unternehmenskultur: Sie ist entweder ein kaum zu überwindender Bremsklotz oder beschleunigt die digitale Transformation mit dem in der Unternehmenskultur verankerten Innovationsgeist. Agile, offene, mitarbeiterorientierte, lernfreudige und kommunikationsaktive Unternehmenskulturen bringen besonders gute Voraussetzungen für eine erfolgreiche Digitalisierung mit sich. Deshalb ist es entscheidend, allen klar und bewusst zu machen, dass die Verantwortung für ein erfolgreiches Gelingen letztlich alle tragen. Auch hier gilt: „Culture eats Strategy for Breakfast". Damit ist gemeint, dass jede noch so clevere Digitalisierungsstrategie wirkungslos verpufft, wenn sie auf eine Kultur trifft, die nicht in der Lage oder nicht willens ist, diese auch umzusetzen und zu leben.

Einbezug von Mitarbeitern

Der aktive Einbezug von Mitarbeitern und das ehrliche Signalisieren von Interesse an deren Meinungen, sind besonders in der Digitalisierung entscheidend. Wer gefragt wird, wer mitreden kann, wer Veränderungen mitgestaltet, fühlt sich ernst genommen, trägt die Veränderungen der Digitalisierung in der Arbeitswelt 4.0 auch mit, akzeptiert sie wesentlich stärker und – von besonderer Wichtigkeit – ist dann auch viel eher bereit, Verantwortung für einen erfolgreichen Veränderungsprozess zu übernehmen. Mitgestaltungsmöglichkeiten gibt es auch in der Digitalisierung: Einflussnahme auf Zeitpläne, Ideen zu Workshop-Themen, Mitbestimmung von Change Agents, Mitgestaltung von Arbeitszeit-Flexibilisierungen, Wahl möglicher Work-Life-Balance-Massnahmen als Folge der Digitalisierung sind einige Beispiele.

Klare Zielsetzungen und Hintergrundinformationen

Die Kommunikation insbesondere in Digitalisierungsprozessen ist oft zu technologisch und zu plattitüdenhaft. Darunter leiden Vertrauen und Zuversicht. Gerade in der Digitalisierung sind erklärende Informationen, Gründe von Zielen und Strategien und ein Überblick zu Aktivitäten von besonderer Bedeutung. Ein konkretes Thema kann sein, Mitarbeitenden mit verschiedenen Szenarien und Fallbeispielen nahezubringen, was Flexibilität in einer digital getriebenen Welt konkret bedeutet und welches die konkreten Auswirkungen auf deren Arbeit sind.

Ängste und Bedenken vorwegnehmen

Arbeitsplatzverlust, Flexibilitätsüberforderung, Wegrationalisierungen, Entfremdung von der Arbeit, Überforderung beim Tempo von Umstellungen – gerade in der Digitalisierung sind Verunsicherung und Ängste vielfältig. Die Ziele müssen von Anfang an klar und ehrlich kommuniziert werden, auch wenn dies in der Dynamik der Technologien der Digitalisierung nicht immer einfach ist.

Nur wer die Mitarbeiter in den Prozess integriert, Ängste und Bedenken in konkreten Projekten der Digitalisierung auszuräumen weiss, ihre Anregungen und Bedenken diskutiert und einbezieht und ihnen Mehrwert und den Nutzen der Digitalisierung für sie persönlich verdeutlicht, kann auf ihre Veränderungsbereitschaft hoffen und Mitarbeiter auf die Arbeitswelt 4.0 vorbereiten.

Perspektiven aufzeigen und Sicherheit vermitteln

Massnahmen, Methoden und Themen gibt es viele. Sie reichen von Aufklärung über Sensibilisierungen und gemeinsamen Initiativen bis zum Einsatz neuer Lernformen: Die unterschwelligen Ängste der Mitarbeiter abzubauen, gehört zu den wichtigsten Kommunikationsaufgaben ganz besonders im Change Management der Digitalisierung. Mögliche Massnahmen:

- Workshops zu Themenkreisen aus Mitarbeiterbefragungen
- Vom HR initiierte und organisierte Roadshows
- Erfahrungsberichte und Geschichten Betroffener
- Konkrete positive und ermutigende Resultate
- Fallbeispiele von Qualitätssteigerungen der Aufgaben
- Entwicklung von Szenarien in Geschichtenform
- Sensibilisierung für die Arbeitsmarktfähigkeit
- Newsletter mit Youtube-Referaten zur Arbeitswelt 4.0
- Einsatz neuer Lernformen wie E-, Mobile- und Micro-Learnings

Einbezug von Multiplikatoren

Helfen können dabei oft so genannte Multiplikatoren, auch Change Agents genannt. Dies sind Mitarbeiter, die Ansehen, Kompetenz und Vertrauen geniessen und die Veränderungen der Digitalisierung grundsätzlich positiv werten. Change Agent müssen hohe Voraussetzungen erfüllen: Über das Fachliche hinaus Akzeptanz bei den Mitarbeitern geniessen, fachliche Zusammenhänge beurteilen, mit Konflikten umgehen, zielorientiert und empathisch kommunizieren und gerade in der Digitalisierung nicht zu euphorisch und zu unkritisch sein. Auch erfahrene Agilitätscoaches können wertvolle Beiträge leisten.

Kommunikation und Sozialkompetenz von Führungskräften

Wie bereitwillig sich die Mitarbeiter auf die Reise in die Arbeitswelt 4.0 mitnehmen lassen, hängt von Art und Umfang der Veränderungen ab. Diese sind gerade in der Digitalisierung oft sehr einschneidend und tiefgreifend, aber eben auch schwer abzuschätzen. Entsprechend gross ist die Skepsis vieler Mitarbeiter. Soziale und kommunikative Kompetenz von Führungskräften, das empathische Eingehen auf Unsicherheiten und Ängste und ein gutes Sensorium für versteckte Fragen sind von grösster Bedeutung.

Mitarbeitermotivation in Studien

Zur Mitarbeitermotivation gibt es, wie nicht anders zu erwarten, Tausende von Studien, Forschungsresultaten, Untersuchungen, Befragungen und mehr. In neuen Studien begegnet man oft folgenden, teilweise neuen Erkenntnissen und Trends:

Defizite bei der emotionalen Bindung

Die Unternehmen scheinen das Problem mit der Mitarbeitermotivation nicht in den Griff zu bekommen. Anders ist es nicht zu erklären, dass die Ergebnisse der Gallup-Studie seit Jahren immer wieder aufs Neue massive Defizite bei der emotionalen Bindung zwischen Mitarbeitern und ihren Unternehmen aufdecken. *(Gallup-Studie 2018, Motivation am Arbeitsplatz).*

Mängel bei der internen Kommunikation

Neben den Arbeitsbedingungen spielt vor allem auch die interne Kommunikation eine zentrale Rolle für den Zusammenhalt des Unternehmens bzw. seiner Beschäftigten. Besonders mangelnde Fehlerkultur und schlechte Führungskommunikation sind oftmals Gründe dafür, dass Mitarbeiter sich von ihrem Unternehmen abwenden. *(Gallup-Studie 2018, Motivation am Arbeitsplatz).*

Geringe Wirkung von Lohnerhöhungen

Nach einer Lohnerhöhung fühlt man sich am Arbeitsplatz wohler – und das erst recht, wenn man etwas mehr bekommt als die Kollegen. Doch diese Wirkung auf die Arbeitszufriedenheit ist nur vorübergehend und lässt nach einer gewissen Zeit wieder nach. (*Studie in der Fachzeitschrift «Journal of Economic Behavior & Organization»*).

Feedbackkultur als Kernelement von Performance Management

Es besteht Nachholbedarf bei systematischer Leistungsbewertung und Feedbackkultur gibt, insbesondere in mittelständischen Unternehmen. Neue Methoden als Instrument zur Mitarbeitermotivation haben es schwer, sich durchzusetzen. (*Studie HR-Performance Management 2020*)

Engagement und Motivation sind miteinander verbunden

Motivation bildet die Basis für engagierte Arbeitnehmer. Im Arbeitskontext wird Engagement verstanden als emotionales intellektuelles Commitment im Sinne des Unternehmens. Dahinter steckt also die Bereitschaft von Mitarbeitern, Herz und Hirn im Jobgeschehen einzubringen.

Engagierte Mitarbeiter supporten beispielsweise Projekte proaktiv und entwickeln eigene Ideen, welche der Optimierung von Arbeitsprozessen zugutekommen. (*Studie des Consulting-Institutes Aon Hewitt, 2018*)

Motivstruktur der Mitarbeitende kennen

Ein Führen entlang der intrinsischen Motivation wird in den kommenden Jahren an Bedeutung gewinnen. Modernes Führungsverhalten setzt bei der Führungskraft voraus, dass sie die Motivstruktur ihrer Mitarbeiter sowie die eigene kennt. Führungskräfte müssen sich als Befähiger und Coach ihrer Mitarbeiter verstehen. Eine hohe Eigenmotivation beziehungsweise intrinsische Motivation und sich sowohl mit dem Unternehmen als auch ihren Aufgaben identifizierende Mitarbeitende werden inskünftig immer wichtiger. (*Von IDG in Zusammenarbeit mit BWI*)

Mehr an freier Zeit ist wichtiger

Die Mehrheit der Fachkräfte würde sich bei der Alternative „mehr Geld" oder „mehr Freizeit" für ein Mehr an freier Zeit entscheiden. Einige Unternehmen haben sich schon auf den Weg gemacht: Der Trend geht in Richtung verkürzte und flexiblere Arbeitszeitmodelle. (*Online-Umfrage vom Stellenmarkt meinestadt.de*)

Anforderungen an Führungskräfte

Mitarbeiter bevorzugen eine Führungskraft, die charismatisch ist, als Vorbild fungiert, eine Vision vermittelt und motiviert (transformational), konkrete Ziele formuliert und konstruktive Rückmeldungen gibt (strategisch), wertorientiert und transparent handelt sowie Selbstständigkeit fördert (ethisch). (*Kienbaum & StepStone Leadership Survey, Digital Leadership 2018*)

Fortbildung ist eine wirksame Motivationshilfe

Aus der AON-Studie ging hervor, dass Unternehmen, die in den Menschen und nicht in die Arbeit investierten, kaum Probleme mit der Motivation ihrer Mitarbeiter hatten. Fortbildung ist eine wirksame Motivationshilfe. Arbeiten und Lernen in kleinen Gruppen, mit geringen Anreizen und abwechslungsreichen Aufgaben fördert das Klima, den sozialen Zuspruch und damit die Motivation. (*AON-Studie aus 2018 zur Mitarbeitermotivation*).

Wichtige Voraussetzungen

Grundsätzliche Motivationsfelder

Konkrete und relevante Motivationsfaktoren auf den Punkt gebracht vermittelt Prof. Dr. Felix von Cube, ein Verhaltensforscher und Fachautor zahlreicher bekannter Veröffentlichungen zur Mitarbeitermotivation:

- Schaffen Sie neue Herausforderungen für Ihre Mitarbeiter.
- Die Bewältigung von neuen, anstrengenden Herausforderungen führt zu einem Glücksgefühl, dem so genannten "Flow".
- Es ist die Aufgabe der Führungskraft, die Stärken der Mitarbeiter zu finden und zu fördern.
- Wichtig ist: Zu wenig neue Herausforderungen erzeugen Langeweile. Zu grosse Herausforderungen rufen Angst hervor.
- Anerkennen Sie die Erfolge Ihrer Mitarbeiter immer wieder.
- Fördern Sie die Bindung ans Unternehmen durch Teamarbeit und gemeinsames Handeln.
- Seien Sie als Führungskraft ein Vorbild und optimieren Sie die Teamarbeit.
- Schöpfen Sie nicht die Erfolge für sich selbst ab – es gibt nichts Demotivierenderes.

Persönlichkeitsfokussierte Personalrekrutierung

Sicher haben die Unternehmenskultur, die Freiräume und der Führungsstil einen erheblichen Einfluss auf die Mitarbeitermotivation. Doch auch Mitarbeiter selbst müssen dazu ihren Beitrag leisten und vom Leistungswillen und Charakter her in der Lage sein, sich überhaupt motivieren zu lassen und eine Eigenmotivation mitzubringen. Daher setzt eine erfolgreiche Motivationspraxis schon bei der Personaleinstellung an. Dort geht es darum, sich auf Persönlichkeiten zu konzentrieren,

- die eine gewisse Leistungsbereitschaft zeigen,
- eine positive Grundhaltung haben,
- Leistung und Beruf einen gewissen Stellenwert geben,
- über einen gewissen Ehrgeiz verfügen
- und Freude am Erfolg haben.

Entscheidend ist, dass Beruf und Leistung bei Bewerbern grundsätzlich den notwendigen Stellenwert haben, um für motivierende Aktivitäten überhaupt empfänglich zu sein und sich in einem von Motivation geprägten Arbeitsklima wohl zu fühlen.

Solche aufgrund ihres Persönlichkeitsprofils und ihrer Grundhaltung überdurchschnittlich motivierbaren Mitarbeiter sprechen auf Motivationsmassnahmen nicht nur schneller und besser an, sondern haben durch ihr Verhalten und ihre Persönlichkeit auch im Team und in der Gruppe selbst eine Motivationswirkung und können andere für Ziele mitziehen und mitbegeistern.

Eruierung der Motivierbarkeit

Die Motivierbarkeit eines Mitarbeiters kann beispielsweise durch

- den Lebenslauf und das Begleitschreiben
- das Einholen von Referenzen
- mit gezielten Interviewfragen im Recruiting
- seiner Wortwahl und Formulierungen

und vor allem im Interview eruiert werden. Die nachfolgende Fragentabelle gibt Anregungen, wie man die Motivierbarkeit und Selbstmotivation eines Kandidaten besser einschätzen kann.

Merkpunkt für die Praxis

Die nur bedingt lernbaren und für die Motivation entscheidenden Persönlichkeitsmerkmale sollten bei der Rekrutierung mit grosser Sorgfalt unter die Lupe genommen werden. Gerade bei Führungskräften sind die Eigenmotivation und die Sozialkompetenzen von grosser Bedeutung. Auch die Kompatibilität mit dem Team, der Vorgesetztenpersönlichkeit und der Unternehmenskultur gehört entscheidend mit dazu.

Interviewfragen zur Prüfung der Motivationsbereitschaft

Bei Interviewfragen zur Prüfung der Motivationsbereitschaft ist es besonders wichtig, auf nonverbale Äusserungen zu achten, mit Kontrollfragen Aussagen zu verifizieren, konkrete Beispiele zu erfragen, kritische und wichtige Aussagen zu hinterfragen und stets das positive Menschenbild und die Sozialkompetenzen zu fokussieren.

- Auf welche konkreten Erfolge sind Sie besonders stolz?
- Was bedeutet für Sie Erfolg und wie geniessen Sie ihn?
- Was motiviert Sie besonders bei Ihrer Arbeit?
- Welches war Ihr motivierendstes Erlebnis betreffend Leistungen?
- Welches war Ihr motivierendstes Erlebnis betreffend Team?
- Welches war Ihr motivierendstes Erlebnis betreffend Kreativität?

- Welches ist Ihre Meinung über Ihre bisherigen Vorgesetzten?
- Was spornt Sie zu überdurchschnittlicher Leistung an?
- Über welche Art von Anerkennung freuen sie sich am meisten?
- Worauf legen Sie im Berufsleben besonderen Wert?
- Was ermöglicht das Erbringen besonders guter Leistungen?
- Worauf legen Sie hier persönlich wert?
- Was würden Sie bei uns anders machen als bisher?
- Welches war Ihr grösster beruflicher Erfolg?
- Wie sehen Sie Ihre Zukunft?
- Welche Eigenschaften schätzen Sie?
- Mit wem arbeiten Sie gern zusammen?
- Wo sehen Sie Ihre Stärken und Schwächen?
- Können Sie mit Stress umgehen?
- Wie sind Sie mit einer schwierigen Situation umgegangen?
- Was war Ihr schlimmstes Erlebnis?
- Was würden Sie an Ihrem Arbeitsplatz ändern?
- Fühlen Sie sich angemessen und fair beurteilt?
- Was machen Sie, wenn Sie den Arbeitsplatz nicht bekommen?

Fallbeispiel: Top-Anforderung Motivationsfähigkeit

Ausgangslage

Das Unternehmen Vontora AG bietet seinen Mitarbeitern viele Serviceleistungen, pflegt eine offene und ehrliche Kommunikation und legt viel Wert auf Respekt und Anerkennung.

Problem

Trotzdem hat man teilweise hohe Fluktuationsquoten, vereinzelt lang andauernde Spannungen und Konflikte. Eine Untersuchung zeigt, dass eine Handvoll Vorgesetzte wohl bezüglich Leistungsbilanz hervorragende Manager sind, aber einen sehr arroganten und forschen Führungsstil praktizieren, der viele Motivationsmassnahmen zunichte macht und in den betreffenden Abteilungen viel an Glaubwürdigkeit verliert.

Massnahmen und Lösungsansätze

Richtigerweise erkennt man, dass bei der Rekrutierung Sozialkompetenzen, das Persönlichkeitsprofil und das Menschenbild zu wenig beachtet und die Verträglichkeit mit der Unternehmenskultur vernachlässigt wurde. Anhand eines 5-Punkte-Programms wird dies korrigiert:

- Schon bei der Kommunikation der Personalsuche wird stark auf Sozial-
kompetenzen und Persönlichkeit geachtet
- Bei Schlüsselpositionen werden grafologische Gutachten verlangt
- Bei jedem Kandidateninterview ist ein zweiter HR-Mitarbeiter anwesend,
der ausschliesslich auf die Sozialkompetenzen achtet
- Dieser HR-Mitarbeiter fokussiert dann auch die Zeugnis-Analyse und die
Referenzeinholungen nach einem genauen Anforderungskatalog.
- Vor Ablauf der Probezeit werden Mitarbeiter befragt und auf den Füh-
rungsstil angesprochen, d.h. es findet eine Vorgesetztenbeurteilung
statt, bei der man sich vor Konsequenzen nicht scheut.

Resultat

Mit diesen konkreten Massnahmen gelingt es dem Unternehmen, die Probleme zu lösen und Führungskräfte für sich zu gewinnen, die zur Kultur und
gelebten Mitarbeiterorientierung passen.

Merkpunkt für die Praxis

*Wenn Mitarbeiter einen tieferen Sinn in ihrer Arbeit erkennen und sich
mit dieser identifizieren können und Unternehmen aktiv zur Sinnstiftung beitragen und diese fördern, werden Diskussionen über materielle Anreize und Bonis schnell gegenstandslos und velieren ihre Wirkung.*

Beurteilungskriterien zur Auswahl motivierter Mitarbeiter Diese Übersicht verhilft Ihnen bei der Personalgewinnung und Personalauswahl zu weiteren Beurteilungskriterien motivierter und motivierbarer Kandidaten.	ausgeprägt	ansatzweise	mangelhaft
Aussagen in Bewerbungsdossiers und bei Referenzen			
Der Begleitbrief sagt, weshalb Stelle dem Bewerber zusagt			
Bewerber bezieht sich konkret auf Anforderungen der Anzeige			
Fähigkeiten und Know-how werden konkret genannt			
Die Verweildauer bei Jobs ist nicht zu kurz			
Arbeitszeugnisse haben im Verhalten keine negativen Aussagen			
In Arbeitszeugnissen werden Stärken genannt			
Leitmotive, Beliefs sind bei Referenzeinholungen zu erkennen			
Motivationsfragen bei Referenzen werden positiv beantwortet			
Aussagen in Kandidaten-Interviews			
Bewerber äussert sich nicht negativ über ehemaligen Arbeitgeber			
Bewerber kennt seine Stärken und Fähigkeiten			
Bei Antworten ist Engagement bzw. Begeisterung zu erkennen			
Der Bewerber kann Herausforderungen und Ziele nennen			
Über Laufbahnziele bestehen zumindest grobe Vorstellungen			
Über Erfolge äussert sich der Kandidat glaubwürdig und mühelos			
Er schildert Erfolgserlebnisse mit Emotionen und Engagement			
Die privaten Verhältnisse sind soweit geordnet			
Die Grundhaltung ist konstruktiv und leistungsorientiert			
Der Kandidat zeigt Emotionen und aktives Interesse an Stelle			

Kommunikation bei der Personalgewinnung

Es ist auch in der Kommunikation der Stellenanzeigen darauf zu achten, dass motivierte und motivierbare Interessenten angesprochen werden:

- Unternehmenskultur entsprechend beschreiben
- Konkrete motivationsrelevante Dienstleistungen nennen
- Bedeutung der Eigenmotivation als klare Erwartung nennen
- Persönlichkeitsmerkmale als klare Anforderung formulieren
- Team als aufgestellt und leistungsorientiert beschreiben
- Zur Interessenbegründung im Begleitbrief auffordern

Die nachfolgenden Formulierungen für Stellenanzeigen sprechen motivierte und motivierbare Mitarbeiter an:

Der wichtigste Faktor für unseren Erfolg ist das tägliche Engagement unserer motivierten Mitarbeiter. Wir sind stolz darauf, unseren Mitarbeitern ein umfangreiches Angebot für ihre berufliche und persönliche Aus- und Weiterbildung zu bieten.

Für unser aufgestelltes Team suchen wir eine engagierte Mitarbeiterin, die sich gerne neuen Herausforderungen stellt und Neues dazulernen möchte.

Der grösste Aktivposten unseres Unternehmens sind die Mitarbeiter. Wir wissen: informierte und motivierte Mitarbeiter beteiligen sich kreativ am Erfolg Ihres Unternehmens. Und das zahlt sich im Team, in der Arbeitsfreude und im wirtschaftlichen Erfolg aus.

Sie wollen Ihr Einkommen, abhängig von Ihrem persönlichen Einsatz selbst bestimmen? Attraktive Herausforderungen, ein motiviertes Team und eine Unternehmenskultur mit vielen Freiräumen und modernen Führungsprinzipien sprechen Sie an?

Um weiterhin erfolgreich zu sein, sind für uns motivierte Mitarbeiter und zufriedene Kunden die wichtigste Voraussetzung. Attraktive Karrierechancen, ein ausgezeichnetes Arbeitsklima und Vertrauen sowie Freiräume als wichtigste Führungsgrundsätze sind einige Beispiele, die wir motivierten und ambitionierten Mitarbeitern in unserem Unternehmen bieten.

Motivationsarbeit beginnt bei der Rekrutierung

Für die erfolgreiche und nachhaltige Mitarbeitermotivation braucht es auch motivierbare Mitarbeiter. Und ob diese solche sind oder nicht, lässt sich oft schon bei der Rekrutierung erkennen. Ein solcher Motivations-Check achtet auf Antworten im Interview und auf Erfahrungen und Meinungen. Gutes Zuhören, Achtsamkeit auf Details in Verhalten und Kommunikation und spezifische Interviewfragen lassen die Motivierbarkeit – ergänzt mit Referenanfragen zu diesem Bereich – oft erstaunlich zuverlässig und aufschlussreich eruieren.

Sind es Herausforderungen, die Möglichkeit, Neues zu lernen, eine neue Branche kennenzulernen, Gelerntes aus einer Weiterbildung anwenden zu können oder sich in einer dynamischen Branche weiterzuentwickeln? Die Schwerpunkte, die möglichen Begründungen, die dahinter liegenden Motive (Karriere, Herausforderung, Neues lernen usw.) geben interessante Hinweise. Achten Sie vor allem bei dieser Antwort darauf, in welchem Masse Sie die Erwartungen des Kandidaten erfüllen können.

Positive Grundhaltung

Motivierte und motivierbare Mitarbeiter haben beinahe ausnahmslos eine positive Grundhaltung zu Menschen, Arbeit und Beruf. Dies erkennt man an Ausdrucksweisen, ihrem Wortschatz, an Beispielen, an Beurteilungen von Menschen und Stellen und an der Art von Erlebnissen und Erfahrungen, die sie aus deren Berufserfahrung geben.

Leistungsbewusstsein

Gut motivierbare Mitarbeiter haben ein ausgeprägtes Leistungsbewusstsein. Sie sind stolz auf Leistungen und Fähigkeiten und möchten diese weiterentwickeln. Erkennen lässt sich dies in Interviews vor allem an deren Fragen, die sich oft auf Ziele, Art der Arbeit, Erwartungen und Entwicklungsmöglichkeiten beziehen.

Intrinsische Motivation

Diese von innen kommende und auf eigenem Antrieb und auf eigenen Werten beruhende Motivationsart (im Gegensatz zur extrinsischen, welche äussere Anreize benötigt), ist stets die bessere, wenn es um die Motivierbarkeit von Mitarbeiter geht.

Stellenwert von Beruf und Arbeit

Beruf und Arbeit nehmen oft einen hohen Stellenwert ein und es besteht auch eine hohe Identifikationsbereitschaft mit Aufgaben und Unternehmen und eine überdurchschnittliche Lern- und Weiterbildungsbereitschaft.

Ambitionen und Karriereziele

Motivierte und motivierbare Mitarbeiter haben sehr oft ausgeprägte Ambitionen und Karriereziele oder zumindest konkrete Vorstellungen, was sie beruflich erreichen möchten. Deren Ambitionen sind sozusagen der Leistungsmotor.

Lebens- und Grundwerte

Menschen haben je nach Persönlichkeit, Herkunft und Schlüsselerlebnissen verschiedene Lebens- und Grundwerte – auch in Arbeit und Berufsleben. Diese Werte steuern ihr Verhalten, ihre Motive, ihre Lebensschwerpunkte und – ihre Motivierbarkeit. Gut motivierte und motivierbare Mitarbeiter verfügen oft über Grundwerte wie Leistung, Anerkennung, Ehrgeiz und Erfolg.

Weiterbildungsbereitschaft

Diese hängt stark mit Ehrgeiz, Leistungsbewusstsein und Erfolg zusammen. Weiterbildung und eine ausgeprägte Lernbereitschaft lässt ihre Talente erkennen und fördern, verhilft zu mehr Erfolg und zu erfüllenderer Arbeit mit Sinnstiftung und Nutzung von deren Talenten.

Man kann annehmen, dass bei einer konsequenten Motivierbarkeits-Beurteilung von Kandidaten und der ensprechenden Gewichtung und Berücksichtigung dieses Aspekts ein Grossteil von Motivationsbemühungen- und massnahmen obsolet wird.

Motivierbarkeit von Kandidaten bei Interviews

Es gibt Interviewfragen, welche die Motivierbarkeit von Kandidaten, bzw. die obigen Punkte ziemlich gut erkennen lassen. Einige davon sind:

Was bedeutet für Sie Erfolg?
Damit erfährt man, was den Bewerber zur Arbeit motiviert. Das Spektrum der Antworten kann vom reinen „Minimalisten" über den erfolgsorientierten Mitarbeiter mit gesundem Ehrgeiz bis zum egozentrischen Karrieristen reichen, der allenfalls nur materiell motiviert ist. Die Frage

nach konkreten Erfolgserlebnissen kann Aufschluss über die Glaubwürdigkeit der genannten Einstellung geben.

Anforderungen übereinstimmen? Auch die Art der Erfolge und benötigten Fähigkeiten geben Aufschluss über die Motivierbarkeit, die Grundwerte und die Talente, denen der Bewerber besonders vertraut und die er an sich besonders hoch einschätzt.

Was glauben Sie, was Menschen wirklich zur Arbeit anspornt, ist es Geld,

Karriere, Begeisterungsfähigkeit, Ehrgeiz, Berufung oder anderes? Die Antwort auf diese Frage ist sehr interessant, denn sie sagt viel über das Wertesystem des Kandidaten aus. Achten Sie auf die Glaubwürdigkeit und das Differenzierungsvermögen und bitten Sie eventuell darum, ein persönliches Beispiel oder Erlebnis zu nennen.

Wieso glauben Sie, dass Sie diese Arbeit gerne tun würden?

Diese Antwort verrät Ihnen, wie gut der Kandidat über das Anforderungsprofil und die Stelle informiert ist und welche Aufgaben, die für ihn interessantesten und motivierendsten sind. Ähnliche Fragestellungen können genauso gut mit anderen Themenbereichen formuliert werden, um an detailliertere und individuelle Informationen zu gelangen, zum Beispiel persönliche Anforderungen oder Projektziele.

Was meinen Sie, ermöglicht wirklich gute Leistungen?

Eine indirekte Frage zur Motivation, einfach auf einer objektivierten Ebene. Da diese Antwort aber auch einiges an das Abstraktionsvermögen stellt, sollte sie nur gewandten Kandidaten für gewisse Positionen gestellt werden. Sie können diese Frage auch weniger offen so stellen: „Welches sind Ihrer Meinung nach die Voraussetzungen für überdurchschnittliche Leistungen?"

Was erwarten Sie von Ihrer neuen Aufgabe und was ist Ihnen am Wichtigsten?

Sind es Herausforderungen, die Möglichkeit, Neues zu lernen, eine neue Branche kennenzulernen, Gelerntes aus einer Weiterbildung anwenden zu können oder sich in einer dynamischen Branche weiterzuentwickeln? Die Schwerpunkte, die möglichen Begründungen, die dahinter liegenden Motive (Karriere, Herausforderung, Neues lernen usw.) geben interessante Hinweise. Achten Sie vor allem bei dieser Antwort darauf, in welchem Masse Sie die Erwartungen des Kandidaten erfüllen können.

Die Bedeutung ganzheitlicher Massnahmen

Man läuft leicht Gefahr, mit einzelnen punktuellen Massnahmen zu meinen, nachhaltige Motivationssteigerungen zu bewirken. Geht man jedoch nach dem Prinzip des "Dann machen wir mal hier bei den Provisionen etwas, senden einige Kaderleute in Führungskurse und verschönern die Büroräume" scheitert man mit Sicherheit.

Alle Ebenen der Einflussfaktoren einbeziehen

Damit ist gemeint, zum Beispiel auf den folgenden Ebenen von

- Rekrutierung
- Führungsqualifikation und -verhalten
- Unternehmenskultur
- Personalentwicklung
- Jobqualität und –anforderungen

Massnahmen zu realisieren, die aufeinander abgestimmt sind und sich gegenseitig verstärken.

Bestandesaufnahme vornehmen und Sensibilität fördern

Eine ganzheitliche Analyse von Defiziten und Stärken auf allen obigen Ebenen muss die Grundlage für gezielte Massnahmen und Optimierungen bilden. Eine Mitarbeiterbefragung mit Schwerpunkt Motivation und vertiefende Mitarbeitergespräche sind eine Massnahme. Gezielte Schulungen von Führungskräften zur Förderung der Sensibilität und die Möglichkeit, Motivation zum Jahresthema – unter Einbezug des Top-Managements – zu machen weitere.

Ganzheitlichkeit und Komplexität der Motivation verstehen

Diese Bereiche werden in diesem Buch vorgestellt und erläutert. Im Wesentlichen geht es zum Beispiel um die folgenden Aspekte:

- Eruieren und Beseitigen von Demotivatoren (Hygienefaktoren)
- Förderung des Selbstmanagements und der Eigenmotivation
- Die Individualität der Motivationswirksamkeit verstehen
- Äussere und innere Motivationsfaktoren miteinbeziehen
- Konsequent mitarbeiterzentrierte Unternehmenskultur entwickeln

Die Motivierbarkeit von Mitarbeitern

Die Frage, ob Menschen sich grundsätzlich motivieren lassen und sich dies mit Prämien, Anreizen und diversen Aktivitäten steuern lässt, löst immer wieder kontroverse Diskussionen aus. Mit einem pauschalen Ja oder Nein lässt sich dies wohl nicht beantworten.

Sind Motivationsmassnahmen überhaupt wirkungsvoll?

Basieren Motivationsmassnahmen auf stark materiell ausgerichteten Anreizen, missachten sie jede Art von Individualität, basieren sie auf einem wenig respektvollen Menschenbild und stehen gelebtes Führungsverhalten und die Unternehmenskultur im Widerspruch dazu, verpuffen sämtliche Bemühungen mit Sicherheit wirkungslos und richten sogar eher Schaden an. Doch im Umkehrfall können Motivationsmassnahmen wirksam sein, wenn Grundsätze wie zum Beispiel

- Ein fähigkeiten- und talentgerechter Einsatz
- Sinngebende und entwicklungsfähige Arbeitsinhalte
- die Berücksichtigung von individuellen Grundwerten
- Herausforderungen bietende Ziele
- Führungskräfte mit positivem Menschenbild
- Freiräume zur Entfaltung und Weiterentwicklung

vorhanden sind und gelebt werden, sind auch Massnahmen von aussen von Erfolg gekrönt und wirken als Verstärker. Ausschlaggebend sind die Glaubwürdigkeit und die erkennbare Übereinstimmung mit der gelebten Praxis und weniger das absolute Ja oder Nein in dieser Frage.

Was alles zur Motivation gehört

Sehr richtig ist wohl die Meinung von Reinhard K. Sprenger, dem mehrfach erwähnten Buchautor, dass zur Motivation auch die *Fähigkeiten* und die *Möglichkeiten* gehören. Wer seine Fähigkeiten, Talente und Stärken nutzen kann, erbringt überdurchschnittliche Leistungen und hat somit Erfolgserlebnisse, die motivieren. Dazu muss aber die Möglichkeit vorhanden sein, also eine Arbeit, Ziele, ein Team und ein Unternehmen, welches den Einsatz dieser Fähigkeiten ermöglicht und fördert.

Unterschiedliche Motivierbarkeitsgruppen

Nebst der Notwendigkeit, individuelle Motivationen zu berücksichtigen, ist es auch von Vorteil, sich unterschiedlicher Muster und Motivierbarkeiten von Mitarbeitergruppen überhaupt bewusst zu sein. Die nachfolgenden Beispiele sollen dies veranschaulichen.

Spass soll's machen – aber ausserhalb des Unternehmens

Es gibt Menschen, deren Charakter, Grundwerte und Erwartungen in einem starken Gegensatz zu Leistung, Wirtschaft und Arbeit stehen und diese gar ablehnen. Ihre Lebenserwartungen liegen zu einem grossen Teil oder ausschliesslich im Freizeit-, Beziehungs- und Privatbereich. Solche Mitarbeiter können nur mit grösstem Aufwand – wenn überhaupt – motiviert werden und sprechen auf Motivationsmassnahmen kaum an. Diese Gruppe muss schon bei der Personalauswahl erkannt werden.

Nicht alle Mitarbeiter sind motivierbar

Es gibt, entgegen anderslautenden Meinungen, Mitarbeitende und Menschen, die nicht oder nur schwer motivierbar sind. Haben beispielsweise Beruf und Arbeit einen geringen oder gar keinen Stellenwert im Wertegefüge, bleibt jede noch so gut gemeinte Massnahme wirkungslos. Hinzu kommt das Mindset. Negativ eingestellte Mitarbeitende lassen sich ebenfalls oft nur schwer motivieren.

Geringer Stellenwert von Leistung und Arbeit

Leistungsbereitschaft und der Stellenwert der Arbeit sind nicht bei allen Menschen gleich entwickelt. Bei diesen Gruppen von Mitarbeitern führen also weder bessere Arbeitsinhalte noch attraktive Herausforderungen zum Ziel. Sie sind möglicherweise durch ein attraktives Teamklima, flexible Arbeitszeiten oder durch Personaldienstleistungen motivierbar.

Geringes oder fehlendes Selbstvertrauen

Diese Gruppe von Mitarbeitern spricht stark auf Lob und Anerkennung an, braucht starke und positive Führungskräfte und hat oft einen hohen Identifikationsgrad mit der Arbeit und den Zielen. Ist dies aber gegeben, können solche Mitarbeiter ausserordentlich gute Leistungen erbringen.

Pragmatische und rationale Personen

Diese Gruppe von Mitarbeitern lässt sich von rationalen und nutzenorientierten Motiven und Werten leiten. Beruf und Arbeit haben einen mittleren Stellenwert und materielle Aspekte, Arbeitsplatzsicherheit und attraktive Arbeitszeiten sind hier unter anderen die primären Motivationsmöglichkeiten.

Hoher Ehrgeiz und starke Zielorientierung

Vom Standpunkt des betrieblichen Interesses aus beurteilt, ist dies wohl die ideale Motivationsgruppe und reagiert besonders stark auf aktive Massnahmen wie Karrieremodelle, Statusgefüge, Herausforderungen und Personalentwicklungs-Massnahmen. Die Anforderungen an Führungskräfte sind hier aber hoch.

Hohe Identifikation und Sinnerwartung

Diese Mitarbeiter üben ihre Berufe aus einer Berufung heraus aus. Ihre Bedürfnisse, ihre Stärken und Fähigkeiten, die Leistungsbereitschaft, der Wille zur Entwicklung und permanenten Verbesserung sind in hohem Masse vorhanden. Diese Mitarbeitergruppe hat einen hohen Grad von Selbstmotivation. Die Vermittlung geeigneter Arbeitsinhalte und Entwicklungsmöglichkeiten und attraktive Herausforderungen sind hier besonders wichtig und können dann richtig eingesetzt zu Spitzenleistungen führen. Es liessen sich wohl noch weitere Kategorien anfügen, doch die genannten dürften in der Praxis wohl die grösste Bedeutung haben.

Merkpunkt für die Praxis

Einer der grössten Fehler bei der Motivationsförderung ist die Missachtung unterschiedlich motivierbarer Gruppen von Menschen und Bedürfnisse von Individuen. Motivation nach dem Giesskannenprinzip versagt. Auch Dogmen sollte man mit Vorsicht begegnen, sondern Massnahmen und Prioritäten auf individuelle Gegebenheiten abstimmen.

Voraussetzungen der Leistungserbringung

Die Leistungserbringung steht in einem mehrschichtigen Zusammenhang und ist nicht nur eine Frage, ob man zu Leistung motiviert ist. Voraussetzungen zur Leistungserbringung bestehen aus drei Elementen:

Leistungsbereitschaft:

Ist der Mitarbeiter grundsätzlich bereit, etwas zu leisten, ein Ziel zu erreichen? Wer hinter einem Produkt steht und dieses wirklich verkaufen möchte, ist zu einer Leistung bereit und folglich motiviert.

Leistungsfähigkeit:

Wie steht es um die Fähigkeiten, die Leistung erwartungsgemäss zu erbringen? Ist das verkäuferische Können und die Erfahrung da, reichen die Produkt- und Zielgruppenkenntnisse aus?

Leistungsmöglichkeiten:

Stimmt das Umfeld, ermöglichen die Bedingungen die Erbringung der erwarteten Leistungen, gibt es die notwendigen Arbeitshilfsmittel? Um beim Verkäuferbeispiel zu bleiben: Wurde eine professionelle Produktschulung geboten, entspricht das Produkt Kundenbedürfnissen, wurde die Zielgruppe genau definiert?

Betriebliches Gesundheitsmanagement

Gesundheit ist eine wichtige Qualifikation von Mitarbeitern und zugleich eine Grundvoraussetzung für die Motivation, denn nur auf der Basis von Wohlbefinden auf psychischer und physischer Ebene kann sich diese entwickeln. Der bewusste und kompetente Umgang mit der eigenen Gesundheit liegt im Trend eines generell erhöhten Gesundheitsbewusstseins und ist in Unternehmen eine neue Schlüsselqualifikation. Gesundheitsförderung am Arbeitsplatz beschränkt sich nach wie vor vielerorts zu sehr auf die Arbeitsplatzsicherheit, die Unfallverhütung und Vermeidung von Berufskrankheiten.

Sinn und Zweck der Gesundheitsförderung

Eine leistungsfähige Gesundheitsförderung soll die Mitarbeitenden befähigen, stärker Einfluss auf wichtige gesundheitliche Aspekte und Verhaltensweisen zu nehmen. Dazu gehört einerseits die Verminderung gefährdender Einflüsse und Verhaltensweisen – also die Prävention – und andererseits die Stärkung fördernder Einflüsse und möglicher Aktivitäten, also die Ressourcen.

Die Arbeitswelt ist für die Umsetzung eines ganzheitlichen Gesundheitskonzepts nur schon aufgrund ihres grossen Anteils an der Lebenszeit und wegen ihres hohen Organisationsgrades und vorhandener Ressourcen und Kommunikationsmittel prädestiniert. Bei der betrieblichen Gesundheitsförderung geht es insgesamt darum, professionell auf alle gesundheitsrelevanten Faktoren einzuwirken, für die das Unternehmen und die Beschäftigten (mit)verantwortlich sind. Dies ist nebst den positiven gesundheitlichen Effekten nicht nur eine hervorragende und motivierende Personaldienstleistung sondern auch ein Mittel zur Mitarbeiterbindung.

Was umfasst aktives Gesundheitsmanagement

Ganzheitliches Gesundheitsmanagement umfasst mehr als Ernährungstipps und eine Früchteschale in der Kantine. Die Vielfalt und Sinngebung der Arbeit, Teamintegration und Teamprobleme, die Art und Weise wie Konflikte ausgetragen werden und "Frühwarnsysteme" für Burnouts und Depressionsverdacht sind nur einige wenige Beispiele aus dem psychischen und sozialen Bereich, der ebenso miteinbezogen sein muss.

Motivation zum Gesundheitsbewusstsein

Wie aber können Mitarbeiter motiviert werden, wünschenswerte und gesunde Verhaltensweisen aktiv im Arbeitsleben umzusetzen?

Primär gelingt dies durch Informationen, Aufklärungsarbeit, Sensibilisierung, Events und konkrete gesundheitsfördernde Massnahmen und Dienstleistungen. Betriebsinterne Massnahmen sind organisatorische Verbesserungen (z.B. die Anpassung von Kommunikationswegen oder Schichtplänen) oder Massnahmen, die das Arbeitsumfeld beeinflussen (z.B. die Installation/das Einrichten einer Nichtraucher-Zone in der Cafeteria). Die nachfolgende Tabelle zeigt auf verschiedenen Ebenen konkrete Möglichkeiten von gesundheitsfördernden Massnahmen und Aktivitäten. Wichtig ist, dass nicht nur der physischen, sondern auch psychischen Gesundheit die mindestens gleiche Bedeutung zugemessen wird und dieser Bereich auch enttabuisiert wird.

Gesundheitsfördernde Massnahmen	realisieren	näher prüfen	nicht geeignet
Einfache Aktivitäten und Möglichkeiten			
Bewegungspausen und Ausgleichsübungen			
Massage-Tage und Fitnessgeräte im Betrieb			
Outdoor-Erlebnisse wie Walking			
Gesundheitsmonate zu bestimmten Themen			
Gesundheitsbelastende Arbeitsplatz-Faktoren			
Gesundheitsfördernde Sonderleistungen			
Vorsorgeuntersuchungen			
Generelle Checkups			
Fitness- und Konditionstests			
Blutdruckmessungen			
Cholesterinkontrollen			
Abnahmeprogramme			
Finanz. Beteiligung an Raucherentwöhnungskursen			
Informationsveranstaltungen und Aufklärung			
Vortrag einer Ernährungsberaterin			
Kommunikation und Konfliktmanagement			
Stressbewältigung, Burnout und Entspannung			
Sucht und Suchterkennung am Arbeitsplatz			
Vertrauensverhältnisse schaffen und pflegen			
Ergonomie am Arbeitsplatz			
Enttabuisierung/Aufklärung psychischer Krankheiten			
Auswirkungen der Nachtarbeit und Verhalten			
Therapeuten-Empfehlungen für private Probleme			

Fallbeispiel: Aktives Gesundheitsmanagement

Ausgangslage

Bei der Merkana GmbH stellt man das zunehmende Gesundheitsbewusst-sein im Ernährungsverhalten der Mitarbeiter und in Anfragen bei der HR-Abteilung immer stärker fest. Man will nun von punktuellen und vom Zufall bestimmten Massnahmen wegkommen und ein einfaches, aber wirksames betriebliches Gesundheitsmanagement entwickeln.

Zielsetzungen

Man kann zurzeit kein grosses Budget bereitstellen, möchte aber dennoch wirkungsvoll und gezielt tätig werden. Deshalb möchte man sich auf drei Stossrichtungen konzentrieren:

1. Gesundheitsbewusstseinsstärkung mit Beratungsdienstleistungen
2. Finanzielle Unterstützung bei Vorsorgemassnahmen
3. Gesundheitsfördernde Einrichtungen und Massnahmen im Betrieb

Massnahmen

Ein Projektteam, bestehend aus der HR-Abteilung, zwei an der Thematik interessierten Kaderleuten, vier besonders gesundheitsbewussten Mitarbei-ter und zwei externen Beratern, entscheidet folgende Massnahmen. Diese hat man vorgängig in einer Mitarbeiterbefragung überprüft:

- Jeden zweiten Monat wird ein Referent zu einem von den Mitarbeitern bestimmten Gesundheitsthema eingeladen
- Ebenfalls jeden zweiten Monat beantwortet ein Experte (Ernährung, Sport, Vorsorge, Burnout, Suchtprobleme) einen halben Tag individuelle Mitarbeiterfragen
- Im Betrieb wird kombiniert am Nachmittag ein Relaxraum – und über den Mittag nutzbar – ein einfacher Fitnessraum eingerichtet
- Das Rauchen wird - bis auf einen Nichtraucher-Raum - verboten.
- Anti-Raucher-Therapien werden mit 50% mitfinanziert
- Ein Arbeitsplatz-Ergonom bekommt den Auftrag, sämtliche Arbeitsplätze auf Gesundheitsverträglichkeit zu überprüfen (Beleuchtung, PC-Einrichtung, Lärmpegel, Stühle usw.)
- In der Hauszeitung berichten Mitarbeiter in einer neuen Rubrik über ihre konkreten Erfahrungen mit Gesundheitsmassnahmen

Resultate

Das Programm kommt aufgrund der Vielfalt, des Mitarbeitereinbezugs und konkreter Massnahmen sehr gut an. Gesundheit ist ein Thema und man fühlt sich vom Unternehmen unterstützt und gefördert.

Die zentralen Motivatoren auf einen Blick

Die Topmotivatoren auf einen Blick

In Untersuchungen, Befragungen und Expertenmeinungen sind im Allgemeinen die nachfolgenden – und zwar in der Reihenfolge ihrer Bedeutung – die jeweils meistgenannten Kriterien:

1. Sinngebende und herausfordernde Tätigkeit
2. Verantwortungsspielraum
3. Anerkennung und Lob
4. Weiterbildungsmöglichkeiten
5. Feedback vom Vorgesetzten
6. Gutes Einkommen (Prämien)
7. Karriere- und Entwicklungsmöglichkeiten
8. Spass und Freude an der Arbeit
9. Kontakt zu Menschen
10. Entscheidungsfreiheit
11. Das Bedürfnis nach Akzeptanz
12. Nach der Meinung gefragt werden
13. Erfolgserlebnisse
14. Arbeitsumfeld
15. Flexible Arbeitszeitgestaltung

Sinngebende und herausfordernde Tätigkeit

Diese Voraussetzung steht an erster Stelle und sie stellt Mitarbeitern ein gutes Zeugnis aus, dass es weder eine materielle noch eine status-bezogene Erwartung ist. Sinngebende und herausfordernde Aufgaben sind deshalb so wichtig, weil sie das Selbstvertrauen, das Selbstwert-gefühl und die permanente Gewissheit vermitteln, für sich selbst und das Unternehmen einen wertvollen Beitrag zu leisten.

Für sich selbst ist es vor allem die Nutzung von Talenten, besonderen Fähigkeiten und Stärken, die eine kontinuierliche Herausforderung darstellen und welche auch Erfolgserlebnisse ermöglichen, die eine starke motivierende Wirkung haben. Treffend bringt es Konfuzius auf den Punkt, indem er sagt: "Wenn du liebst, was du tust, wirst du nie mehr in deinem Leben arbeiten". Daraus geht einmal mehr hervor, wie wichtig schon die Personalauswahl ist, eine Stelle mit Mitarbeitern zu besetzen, deren Stärken, Fähigkeiten und Talente in möglichst hohem Masse mit den wichtigen und zentralen Anforderungen übereinstim-men.

- Ausgeprägte Kommunikations- und Führungskompetenzen
- eine die Sinngebung berücksichtigende Unternehmenskultur
- Permanent gebotene Möglichkeiten zu Erfolgserlebnissen
- Konstruktive Mitarbeiterbeurteilungen mit Zielvereinbarungen
- Regelmässiges, respektbasierendes Feedback zu Leistungen
- Qualitätsverbesserungen von Tätigkeiten und Anforderungen
- und individuelle Mitarbeiterbedürfnisse in Abstimmung mit Unternehmensziele berücksichtigender Personalentwicklung

sind wohl einige der wichtigsten und entscheidendsten Faktoren, mit denen eine sinngebende und herausfordernde Tätigkeit ermöglicht und erzeugt werden kann. Auch Frederick Herzberg, ein bekannter Motivationsforscher betont die Bedeutung der Qualität der Arbeit. Seine auf den Punkt gebrachte Meinung: "Vergessen Sie Lob, vergessen Sie Bestrafung, vergessen Sie Geld. Um Mitarbeiter wirklich zu motivieren, müssen sie deren Arbeit interessanter gestalten".

Merkpunkt für die Praxis

Es deutet vieles darauf hin, dass sinngebende und herausfordernde Tätigkeiten und Ziele bei der Mitarbeitermotivation eine, wenn nicht sogar die ganz zentrale Rolle spielen und eine beachtliche "Hebelwirkung" haben. Wichtig ist dabei, diese Herausforderungen individuell auf Mitarbeiter auszurichten und im Dialog permanent zu überprüfen und mit Anerkennung Wertschätzung zu zeigen.

Die nachfolgende Checkliste hilft, die Qualität, die Vielfalt und die Herausforderung von Aufgaben und Stellen und der damit verbundenen Arbeit zu prüfen und zu verbessern.

Die folgende Aufstellung fasst die Erkenntnisse moderner Psychologie und Verhaltensforschung zusammen, die grossen Einfluss auf die Sinnstiftung der Arbeit haben und für eine solche Bedingung sind. Es ist teilweise eine Vertiefung der vorangehenden Checkliste.

Möglichkeiten zur Verbesserung der Aufgabenqualität	ist vorhanden	verbessern	fehlt, prüfen
Anforderungen und MA-Talente/Fähigkeiten sind kongruent			
Die Stelle bietet Abwechslung und Vielfalt			
Es gibt Aufgaben, die messbar sind oder sein könnten			
Die Aufgaben stimmen mit der MA-Persönlichkeit überein			
Wie gross ist der Anteil neu hinzukommender Aufgaben			
Weiterbildung ist konsequent auf Anforderungen ausgerichtet			
Effizienz und Bedienerfreundlichkeit der Arbeitshilfsmittel			
Stellenwert und Akzeptanz der Tätigkeit			
Die Stelle ist in ein Team und das Unternehmen eingebettet			
Es gibt erkennbare Erfolgssignale u. regelmässige Feedbacks			
Diese Feedbacks erfolgen intern und extern			
Das Anspruchsniveau ist nicht zu hoch und nicht zu tief			
Für die Tätigkeit bestehen klare und messbare Ziele/Teilziele			
Es bestehen Gestaltungsmöglichkeiten der Arbeitsausführung			
Potential für Kreativität und Weiterentwicklung ist vorhanden			
Die Wertschöpfung für das Unternehmen ist dem MA bekannt			
Erfolge sind spürbar, ersichtlich, erlebbar, erkennbar			
Aufgaben bieten MA-bezogene Perspektiven und Potentiale			
Die Stelle entspricht den Wertvorstellungen des Mitarbeiters			
Die Aufgaben nutzen die Stärken und Talente des MA			

Bedingungen für sinnstiftende Arbeit	
Aus Untersuchungen, der Forschung und Beobachtungen kennt man heutzutage einige der massgeblichen Faktoren, welche die Sinnstiftung der Arbeit besonders beeinflussen und zu den wichtigen Bedingungen gehören.	
Ganzheitlichkeit der Leistungserbringung	Ganzheitliche und von A-Z in sich abgeschlossene Aufgaben sind wichtig. Man möchte nicht nur planen, sondern auch umsetzen, nicht nur ausführen, sondern auch mitgestalten.
Mitbeeinflussung und Mitgestaltung	Neugier ist ein menschliches Grundbedürfnis und der Wunsch nach Einflussnahme, Mitwirkung und Mitarbeit ebenso. Menschen möchten sich verändern, sich weiterentwickeln, einen Beitrag leisten, etwas prägen und formen und Schaffenskraft einbringen.
Erfolgsschancen und Erfolgsfeedback	Aufgaben, Leistungen und Arbeiten müssen die Chance auf Erfolg, Gelingen und Wertschätzung haben. Eine Tätigkeit muss produktiv sein und sichtbare Resultate erzeugen.
Einbindung in soziales und interaktives Umfeld	Die Mehrheit der Mitarbeiter möchte Leistung, Erfolg und Arbeit im Team erleben, sich austauschen, Stärken beweisen können und als Persönlichkeit wahrgenommen werden. Damit steigen der Selbstwert und das soziale Ansehen und Zugehörigkeitsgefühl und der Beweis, von anderen gebraucht und geschätzt zu werden.
Sinngebung für Menschen und Gemeinschaft	Das Ziel und die Resultate von Arbeit sollten von anderen respektiert, geschätzt und anerkannt werden. Mitarbeitende sollten wissen, für wen sie welchen Nutzen stiften und welchen Beitrag leisten. Dies kann für Teams, Gemeinschaften, Minderheiten, Umwelt und Mitmenschen überhaupt gelten.
Kongruenz mit eigenen Grundwerten und Lebenszielen	Arbeit wird dann als sinnstiftend erlebt und gesehen, wenn diese sich möglichst weitgehend mit den eigenen persönlichen Grundwerten und Auffassungen deckt. Ein Beispiel: Haben Kinder und Erziehung für jemanden eine sehr grosse Bedeutung, ist seine Arbeit in einem Kinderhilfswerk wohl besonders sinnstiftend und motivierend.

Die Bedeutung der Sinngebung in der Arbeit

Vor allem qualifizierte und leistungsbewusste Mitarbeiter möchten in ihrer Tätigkeit Sinn und Zweck sehen. Doch das wird zu wenig beachtet und sträflich vernachlässigt. Die Sinngebung ist sekundär, Kennzahlen und Hardfacts müssen stimmen. Das ist ein Irrtum.

Warum und wofür mache ich diesen Job eigentlich?

Wie oft stellen sich Mitarbeiter und Arbeitgeber diese Frage wohl? Einige vermutlich nie, andere vielleicht jeden Tag. Umfragen zeigen immer mehr, dass diese Fragen von immer mehr Mitarbeitern gestellt wird – und darauf Antworten erwartet werden. Vor allem motivierte und engagierte Mitarbeiter sind an Antworten zu dieser Frage interessiert und erwarten diese von ihrem Arbeitgeber zurecht.

- Ist die Frage überhaupt relevant?
- Kann denn jeder Job Sinn stiften und welcher Sinn kann dies sein?
- Und wenn dem so ist: Wie fallen die Antworten aus?

Sinnstiftung der Arbeit gehört zu den nachhaltigsten Motivationsvoraussetzungen. Aus der Forschung und Beobachtungen kennt man einige der Faktoren, welche die Sinnstiftung besonders nachhaltig beeinflussen. Es wird immer deutlicher, dass die Sinnstiftung ein wesentlicher Teil der Zufriedenheit, Motivation und Mitarbeiterbindung ist und anspruchsvolle Mitarbeiter mit immer besserer Bildung sich diese Frage immer mehr stellen. Unternehmen, die sie in Jobs, Führung, Unternehmenskultur und Thematisierung zufriedensstellend beantworten, sind der Arbeitgeberkokurrenz voraus.

Laut Viktor Frankl, einem bekannten österreichischen Psychologen und Neurologen, ist der Mensch ein Wesen auf der Suche nach Sinn. Die Sinngebung, die Fähigkeit, seinem Leben, seiner Arbeit und seinem Handeln einen Sinn zu geben, motiviert nach ihm weitaus stärker als Machtstreben, Geld oder Karriere. Es ist eine tiefer gehende, eine zutiefst intrinsische Motivation. Sinngebung in Arbeit, Tätigkeit, Unternehmenszugehörigkeit und in der Identifikation mit der Unternehmensleistung ist ein entscheidender Faktor einer jeden Unternehmenskultur. Nur, sie kann nicht „herbeiorganisiert" werden, sondern entsteht aus gelebten und kommunizierten Werten und fähigen Führungskräften, die sich dieser Tatsache bewusst und Sinn zu stiften in der Lage sind.

Sinn ist nach Frankl Orientierung für unsere Entscheidungen und für unser Engagement ein zentraler Motivationsfaktor: Menschen möchten erleben, dass ihr Tun für etwas gut ist und sie möchten ebenso spüren, dass sie für das Unternehmen und seine Kunden wichtig sind. Dann macht es für sie Sinn. Führungskräfte können dabei auf verschiedene Weise „sinnstiftend" (mit)wirken:

Möglichkeiten sinnstiftender Führung

Sinnstiftende Arbeit geben und erkennbar machen:

Auf den „massgeschneidcrten" Arbeitsplatz achten, damit Mitarbeiter erleben, dass durch ihre Talente, ihre Arbeit und ihr Können Wertvolles, Nützliches und von Kunden Geschätztes entsteht.

Orientierung geben:

Die Mitarbeiter sollen verstehen und spüren, worauf das Unternehmen ausgerichtet ist und welche Werte und welchen Nutzen es stiftet. Quantitative Ziele allein sind hier zu wenig. Es braucht Bilder, Geschichten und Analogien, um die Menschen in ihren Werten und Emotionen zu berühren.

Werte aufzeigen und erlebbar machen:

Geht es nur um Gewinnmaximierung und Umsatzwachstum oder hilft man Kunden bei Problemlösungen, leistet man einen Beitrag zur Gemeinschaft oder stellt man besonders nutzenstiftende Produkte her?

Wirkung deutlich machen und kommunizieren:

Den Bedarf, die Notwendigkeit und den Sinn von Massnahmen und deren positive Wirkung deutlich machen: Mitarbeiter akzeptieren auch Einschnitte und hohe Leistungsziele, wenn sie erkennen, wo und warum sie gebraucht werden bzw. wofür etwas gut sein soll.

Verantwortungsspielraum und Freiräume

Verantwortung übernehmen zu dürfen, signalisiert Vertrauen in die Fähigkeiten und das Können eines Mitarbeiters. Zugleich bietet es Gestaltungs- und Mitentwicklungsmöglichkeiten, was ebenfalls eine sehr bedeutsame Rolle spielt. Es gehört generell zu den wichtigen Voraussetzungen, Aufgaben, Kompetenzen und Verantwortung eines Mitarbeiters genau zu regeln und im Führungsalltag einzuhalten.

Zudem hat Verantwortungsspielraum auch mit der Fähigkeit einer Führungskraft zu tun, Verantwortung zu delegieren und damit Vertrauen in die Kompetenz des Mitarbeiters zu beweisen. Wichtig ist auch, dass zu einer gut wahrgenommenen Verantwortung immer auch Feedback erfolgt und sich ein Mitarbeiter so sicher ist, dass er die Verantwortung im korrekten Ausmass und erfolgreich zu übernehmen imstande ist.

Ideenmanagement: Neuen Ideen Raum geben

Eng mit Verantwortungsspielraum und Freiräumen verknüpft ist die Möglichkeit, mit Ideen, Vorschlägen und Anregungen das Unternehmen mitzugestalten und Fähigkeiten und Talente aktiv einzubringen. Der aktive Mitgestaltungsprozess kann einen hohen Beitrag zu glaubwürdiger Motivation leisten, da mit der Realisierung persönlicher Mitarbeiterideen der Wert der Leistung und der Grad der Qualifikation sichtbar und erlebbar wird. Unternehmen und Vorgesetzte sind grundsätzlich an Vorschlägen interessiert, Ideen stossen auf Interesse und Gehör, sie werden besprochen, man fragt Mitarbeiter nach Umsetzung und Rat, es folgt Lob und Anerkennung und die "eigene Idee" ist mit der Realisierung zu Leben erweckt und letztendlich von Erfolg gekrönt. Ein solcher Prozess hat mehrere motivierende Elemente, die höchst wirksam und nachhaltig sind.

Doch nur wo Freiräume existieren, können Gedanken fliessen und Ideen entstehen. Meetings können beispielsweise speziell unter das Thema "Innovation" gestellt werden. Es sollte in diesen Treffen vor allem Brainstorming möglich sein und Fragen der Umsetzbarkeit oder ähnliches erst in einer späteren Phase folgen. Was jedoch tun, wenn die Ideen nicht wirklich umsetzbar sind? Unabdingbar ist Authentizität im Dialog: Es wird klar kommuniziert, wo die Gründe liegen. Freiräume für Ideen haben aber auch in einem Medium Platz, das prädestiniert ist, ein Pool von Ideen, Anregungen und Informationen zu sein: das Intranet. Unternehmen können im Intranet einen Chatroom, ein "schwarzes Brett" oder einen virtuellen Raum installieren, wo alle Beteiligten an Ideen arbeiten. Natürlich ist das persönliche Gespräch, der Ideenaustausch im Team, unabdingbar.

Anerkennung und Lob

Anerkennung und Lob bewirken die permanente Bestätigung und Sicherheit, eine Aufgabe besonders gut zu erfüllen oder eine spezifische Leistung mit überdurchschnittlichem Erfolg erbracht zu haben, gehört zu den stärksten Motivatoren überhaupt. Besonders aber ist es auch eine wichtige Voraussetzung für Führungskräfte, loben und anerkennen zu können.

Merkpunkt für die Praxis

Lob und Anerkennung werden völlig zu Recht als geistiger Sauerstoff des Lebens bezeichnet. Doch Anerkennung muss sich auf konkrete Leistungen beziehen, ehrlich und spontan ausgesprochen werden, individuelle Stärken und Fähigkeiten einbeziehen und den Wert der Leistung für Unternehmen und Team ebenso enthalten.

Weiterbildungsmöglichkeiten

Es ist erstaunlich und zugleich erfreulich, wie hoch Weiterbildungs- und Entwicklungsmöglichkeiten eingestuft werden. Hier liegt die Verantwortung beim Unternehmen, mit einer systematischen Personalentwicklung dem Bedürfnis nach Weiterbildung und persönlicher Entfaltung nachzukommen. Sorgfältige Eruierung der Bedürfnisse, das Finden geeigneter Anbieter und Lernmethoden und der sichergestellte Transfer in die Praxis gehören zu den zentralen Aufgaben einer wirksamen Personalentwicklung.

Feedback vom Vorgesetzten

Der Wunsch nach regelmässigem Feedback steht in engem Zusammenhang mit Lob und Anerkennung. Grundsätzlich geht es um das Bedürfnis von Mitarbeitern, zu wissen, woran sie sind, ob die Leistungen den Erwartungen entsprechen, welche Mängel es zu verbessern gilt, wie die Zukunftsaussichten im Unternehmen überhaupt sind und vieles mehr.

Feedback kann durchaus auch Kritik sein, sie muss aber stets die Sache betreffen, konstruktiv sein, Unterstützung signalisieren, die Würde achten und darf nie das Selbstvertrauen des Mitarbeiters verletzen. Gekonntes Feedback muss einige ganz bestimmte Regeln enthalten, um wirksam und motivierend zu sein. Es sind dies:

- Einbeziehung von Gefühlen und Ich-Haltung
- Eigene mögliche Interpretation einbringen
- Feedback möglichst nach auslösendem Anlass geben
- Bezug auf konkretes und individuelles Verhalten
- Positive Folgen und Auswirkungen aufzeigen und nennen
- Gutes Feedback ist konstruktiv und respektvoll

Materielle Motivatoren

Nun kommt sie also doch, die Lohntüte. Materielle Sicherheit und ein wirtschaftlich faktisches Anerkennen guter Leistung ist wohl der Grund und nicht direkt oder nicht nur der monetäre Effekt. Gezielte, begründete und leistungsbasierende Lohnerhöhungen, Boni, Provisionen und Sonderzahlungen sind materielle Möglichkeiten. Auch sogenannte Fringe Benefits, als nicht materiell von einer Leistung abhängige Faktoren wie Übernahme von Versicherungskosten, Mitarbeiterrabatte bei Firmenleistungen, Vergütung von Zeitschriften oder günstige Konditionen beim Einkauf von Produkten bei Partnerfirmen sind einige Beispiele.

Eine angemessene und gerechte Entlohnung für die Arbeitsleistung sollte durch das Lohnmodell gewährleistet werden. Angemessene Si-

cherheit vor Einkommenseinbussen müssen ausgewogenen Verdienst-
chancen bei hoher Leistung gegenüberstehen. Wichtig ist, dass der
Bezug zwischen der individuellen Leistung und dem Verdienst erkannt
wird. Bei gruppenorientierten Vergütungen (z.B. Team-Prämie) muss
klar sein, inwieweit individuelles Verhalten der Teamleistung zuträglich
ist oder nicht. Ansonsten aber ist die materielle Motivation nicht wirklich nachhaltig und sollte nur flankierend mit anderen Massnahmen
eingesetzt werden.

Karriere- und Entwicklungsmöglichkeiten

Menschen wünschen sich und brauchen, sowohl im Privat- wie auch im
Berufsleben, Perspektiven. Oft sind Entwicklungsmöglichkeiten auch
nicht auf den Berufsbereich und den Arbeitsplatz beschränkt, sondern
betreffen die gesamte Persönlichkeit. Karrierewünsche sind heutzutage
auch nicht mehr auf hierarchische Positionen beschränkt, sondern können anspruchsvolle Expertenpositionen und Fachaufgaben sowie neue
Aufgabenstellungen und dergleichen betreffen. Deshalb sind Laufbahn-
planungen, Karrieregespräche, Weiterentwicklungsziele im Rahmen der
Personalentwicklung und Potenzialanalysen von grosser Bedeutung.

Ein hohes Bedürfnis nach Entfaltung äussert sich in dem Wunsch nach
eigenverantwortlicher, anspruchsvoller, abwechslungsreicher und be-
deutungsvoller Arbeit. Mitarbeiter mit einem hohen Bedürfnis nach
persönlicher Entfaltung werden nach diesem Modell stärker motiviert,
wenn ihre Arbeit auch entsprechende Anreize bietet.

Freudbetontes Arbeitsumfeld und der Spassfaktor

Haben Sie Spass an Ihrer Arbeit? Dies ist eine Frage, die von besonders fähigen Führungskräften oft gestellt wird, denn sie stellt den Menschen und eines seiner Grundbedürfnisse in den Mittelpunkt: Spass und
Freude an dem zu haben, was man macht. Spass und Freude kann
man als "Massage für die Psyche und das Gemeinwohl" betrachten,
denn sie bringen Menschen einander näher, lockern auf, schaffen
Stimmung, ermöglichen Humor und bringen Menschen zum Lachen und
Sich-Wohlfühlen. Besonders wichtig ist dieser Umstand als Motivator
wohl auch deshalb, weil Spiel und Spass eindrücklich zeigen und erlebbar machen, dass man Teil einer Gemeinschaft ist, in der man sich
respektiert und aufeinander eingeht.

Spass und Freude an der Arbeit zu haben ist ein auf den ersten Blick
etwas banal klingender Punkt, der aber nun mal ganz verständlichen
und hedonistischen menschlichen Bedürfnissen entspricht. Anstrengung
im Erbringen von Leistungen wird dann mit Lust und Freude verbunden, wenn sinngebende Herausforderungen geboten werden, an denen
man sich messen kann, wenn man die Gelegenheit hat, Probleme zu

lösen und Risiken zu bewältigen. Acht bis zehn Stunden seines Lebens täglich in einer Schicksalsgemeinschaft mit anderen Menschen zusammen zu arbeiten und Leistungen zu erbringen muss Freude, Spass und Wohlbefinden nun mal enthalten. Hier spielen zum Beispiel das

- Arbeitsklima und die Unternehmenskultur
- Die Führungs- und Kommunikationsfähigkeiten
- Führungskräfte mit hoher Sozialkompetenz
- Mitarbeiterveranstaltungen mit nichtbetrieblichen Inhalten
- Das "Wir-Gefühl" fördernde Events
- Freiräume und Experimentiermöglichkeiten

eine grosse Rolle. Wesentlich ist, Mitarbeiterveranstaltungen zu ritualisieren und auch in der Rekrutierung von Führungskräften und Mitarbeitern auf Persönlichkeitsmerkmale zu achten, die den Spassfaktor und Freude und Motivation an der Arbeit gebührend berücksichtigen. Zum Spass und Spielfaktor gehören auch Gewinnchancen und originelle Preise und Auszeichnungen bei Mitarbeiter-Events und sonstigen Betriebsanlässen. Einige Ideen sind nachfolgend tabellarisch zusammengefasst.

Preis- und Gewinn-Anregungen für betriebliche Anlässe

☐ Abendessen für zwei Personen nach Wahl Mitarbeiter

☐ Jahresabonnement für einen Fitness-Club

☐ Zeitschriften-Abonnement zu Hobby eines Mitarbeiters

☐ Ein Tag oder eine Woche bezahlte Zusatzferien

☐ Kinderhüte-Gutschein für ein Wochenende und eine Familie

☐ Ein Kinokarten-Set für die ganze Familie

☐ Gratis-Parkplatz für einen Monat oder ein Jahr beim Geschäftsdomizil

☐ Wochenende in einem Wellness-Hotel mit Lebenspartner

☐ Übernahme der Steuerrechnung eines Jahres

☐ Ein Oldtimer für ein Wochenende inklusive Benzinkostenübernahme

☐ Gutschein für eine Ballonfahrt

☐ Ein Kochkurs für ein Ehepaar

☐ Spannender Ausflug des Vorgesetzten mit Kind eines Mitarbeiters

☐ Übernahme von Hauslieferdienst-Kosten für einen Single

☐ Laufbahnberatung durch hochrangiges Geschäftsleitungsmitglied

☐ Tickets für vom Lebenspartner favorisierte Kulturveranstaltung

☐ Übernahme der Handy- oder Internetkosten für eine bestimmte Zeit

☐ Abendessen mit einem vom Betrieb gewonnenen Prominenten zusammen

☐ Städteflug für ein Ehepaar mit Besuch des dort grössten Kunden

☐ Seminargutschein für ein persönliches, privates Interessenthema

☐ Ein Monat oder Jahr lang vom Betrieb bezahltes Mittagessen in Kantine

☐ Originalsigniertes Buch vom Lieblingsautor des Mitarbeiters

☐ Hotel-Einladung für Lebenspartner während Seminar oder Geschäftsreise

Arbeitsklima und Teamgeist

Dieses Bedürfnis hängt eng mit dem oben genannten zusammen. Ein kommunikationsförderndes Arbeitsklima, das "Wir-Gefühl" fördernde Events und Freiräume und Experimentiermöglichkeiten sind Rahmenbedingungen und ein Umfeld, die dieses Bedürfnis in besonderem Masse fördern. Die Tatsache, dass man als Mitarbeiter einen wesentlichen Teil seines Lebens in einer nicht beeinflussbaren "Schicksalsgemeinschaft" verbringt, zeigt allein schon, wie wichtig das Wohlbefinden, die Akzeptanz und das entspannte Klima in einem Team und in einer Gruppe zwangsläufig sein müssen. Dem Anschluss- oder Intimitäts-Motiv folgen Menschen, die nur dann motiviert arbeiten, wenn sie dies im Team tun können. Anschlussmotivierte Mitarbeiter legen besonderen Wert auf Gemeinschaft und Zusammenarbeit, öffnen sich anderen gegenüber leicht und sind meistens sehr kommunikativ. Damit einher geht meistens auch ein sehr starkes Bedürfnis nach Akzeptanz und Wohlwollen der Gemeinschaft.

Studien haben belegt, dass Mitarbeiter mit hoher Leistungs- und Anschlussmotivation im Allgemeinen erfolgreicher sind und weniger Probleme haben, als jene, bei denen die Anschlussmotivation fehlt oder nur sehr schwach ausgeprägt ist. Nach Resultaten und Erkenntnissen neuester Forschungsarbeiten darf die Teamwirkung allerdings nicht überschätzt werden. Es beginnt sich ein Trend Richtung Aufgabenteilung und individuelle Ziele abzuzeichnen. Teams funktionierten, wenn Mitarbeitende ausreichend Möglichkeiten haben, Ideen zur Umsetzung zur Verfügung zu stellen und individuelle Vorschläge auf Resonanz stossen. Auch der Managementberater Fredmund Malik vom Management Zentrum St. Gallen ist der Ansicht, dass Teamwork zurzeit überbewertet wird. Die von Professor Norbert Thom vom Institut für Organisation und Personal der Universität Bern durchgeführte Studie "Career- und Lifestyle-Management" zeigt, dass ein angenehmes Arbeitsklima sogar der wichtigste Zufriedenheitsfaktor ist. Das Einbringen eigener Ideen und das Tragen von Verantwortung sind übrigens die nächstfolgenden Punkte, die den Befragten bei Ihrer Tätigkeit besonders wichtig sind.

Merkpunkt für die Praxis

Arbeitsklima, Spassfaktor und Teamgeist dürfen nicht unterschätzt werden. Der Leistungswille ist nicht bei allen Mitarbeitern gleichermassen ausgeprägt. Ein Geborgenheit, Kommunikation, Abwechslung und Humor – um einige konkrete Merkmale eines guten Teamklimas zu nennen - bietendes Team mit entsprechender Führung kann die entscheidende Motivation sein und wesentlich zur Mitarbeiterbindung beitragen.

Motivationsfaktor Arbeitsklima und Teamgeist	ist gut/vorhanden	verbessern	fehlt, prüfen
Häufiges Lob an das gesamte Team zu Team-Leistungen			
Events und Veranstaltungen mit Spass- und Wir-Effekt			
Viele Handlungs- und Entscheidungsspielräume geben			
Wichtige Aufgaben und Verantwortungen delegieren			
Gleichbehandlung und Beitragswert jedes Einzelnen betonen			
Teamleistung im ganzen Unternehmen kommunizieren			
Anlässe ausserhalb wie Klausuren und andere Events			
Definition von Grundsätzen, Spielregeln für Zusammenarbeit			
Starke Förderung der Kommunikation untereinander			
Möglichkeiten bieten, sich von neuen Seiten zu sehen			
Überraschende und originelle Happenings und Ideen			
Konflikte offen und im ganzen Team aus- und besprechen			
Ideen aufnehmen und als Teamleistung würdigen			
Miteinbezug in vielen Entscheidungen, Problemen und Fragen			
Verzicht auf negative und destruktive Mitarbeiter			
Symbolische Anerkennungen, die den Teamcharakter zeigen			
Teilziele verfeinern, anerkennen und würdigen			
Herausforderungen und Ziele auf Teamebene formulieren			
Permanente und konsequente Stärkung des "Wir-Gefühls"			
Kultur des Helfens und Unterstützens praktizieren und fördern			

Entscheidungsfreiheit

Wer entscheidet und damit Verantwortung übernehmen darf, kann sich entfalten und seine Fähigkeiten, Kompetenzen und Persönlichkeit unter Beweis stellen. Und Mitarbeitern, denen diese Möglichkeit gegeben wird, zeigt man damit auch Vertrauen in deren Leistungsfähigkeit und menschliche Reife. Entscheiden heisst in besonderem Masse auch, etwas mitgestalten, mitformen und beeinflussen zu können, was eine starke Motivationswirkung beinhaltet. Möglichkeiten und Ausmasse von Entscheidungsfreiheiten sind gegeben durch eine entsprechende Unternehmenskultur, gezielte Personalentwicklungsmassnahmen und qualifizierte Führungskräfte, die diesem Bedürfnis entgegenkommen.

Das Bedürfnis nach Akzeptanz

Akzeptanz ist wie Anerkennung auch, ein grundlegendes menschliches Bedürfnis, das zu befriedigen in jeder Gemeinschaft entscheidend ist. Akzeptiert zu werden, heisst, unverzichtbarer Teil eines Ganzen zu sein, Wertschätzung zu erfahren, etwas mitgestalten zu können und als vollwertiges Mitglied geschätzt und geachtet zu werden. Aus diesem Grund ist dieses Bedürfnis besonders wichtig und benötigt wiederum eine entsprechende Unternehmenskultur und qualifizierte Führungskräfte, die über das entsprechende Menschenbild verfügen und dieses vorleben.

Merkpunkt für die Praxis

Besten-Ranglisten, Mitarbeiter des Monats und dergleichen sollten nicht eingesetzt werden. Es gibt so immer zu viele Verlierer und nur einen Gewinner und stärkt nur den, der schon weiss, dass er der Beste ist. Auch Neid und Missgunst können hinzukommen und das Teamklima stören und schädigen.

Gestaltungsmöglichkeiten und Interesse an Meinung

Wer an der Meinung anderer interessiert ist, signalisiert damit, deren Urteilsvermögen, Intelligenz, Fähigkeiten, Kreativität, Kritikfähigkeit zu schätzen, was wiederum eng mit Akzeptanz und Anerkennung zusammenhängt. Um diesem Bedürfnis entgegenzukommen, sind entsprechende Führungskräfte und ein unternehmerisches Führungsverständnis notwendig, die die motivatorische Notwendigkeit verstehen, die entsprechende Persönlichkeit aufweisen und den Einbezug der Mitarbeiter in die Entscheidungsfindung im betrieblichen Alltag konsequent praktizieren.

Erfolgserlebnisse

Erfolgserlebnisse beweisen, veranschaulichen und demonstrieren in hohem Masse an konkret Erlebtem und Erfahrenem, dass man einen "guten Job" gemacht hat. Es müssen Möglichkeiten für Erfolgserlebnisse geboten werden und Führungskräfte im Unternehmen sein, die in der Kommunikation und im Umfeld dafür eintreten. Von besonderer Bedeutung ist, dass Erfolgserlebnisse stark kommuniziert und gefeiert oder gar zu einem Ritual gemacht werden, womit sie sich in der Gemeinschaft sogar noch verstärken.

Ein Ideenmanagement vermittelt auch Erfolgserlebnisse und ist Bestandteil einer Unternehmenskultur, die Mitarbeiter konsequent in den unternehmerischen Gestaltungsprozess miteinbezieht. Am Erfolg sind mehrere Faktoren beteiligt, die nur koordiniert und ganzheitlich berücksichtigt, zu wirksamen "Erlebnissen" führen:

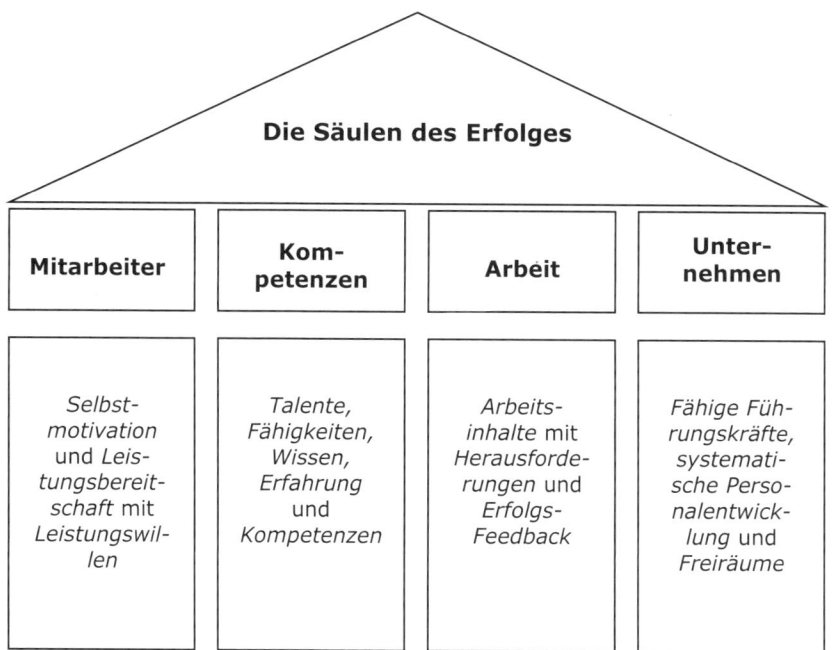

Die Säulen des Erfolges

Mitarbeiter	Kom-petenzen	Arbeit	Unter-nehmen
Selbst-motivation und *Leistungsbereitschaft* mit *Leistungswillen*	*Talente, Fähigkeiten, Wissen, Erfahrung* und *Kompetenzen*	*Arbeitsinhalte* mit *Herausforderungen* und *Erfolgs-Feedback*	*Fähige Führungskräfte, systematische Personalentwicklung* und *Freiräume*

Auf der nachfolgenden Tabelle finden Sie konkrete Ideen, Handlungsansätze und Möglichkeiten für Erfolgserlebnisse.

Motivationsfaktor Erfolgserlebnisse	besonders beachten	ab und zu beachten	weniger geeignet
Bewusst auf Stärken ausgerichtete Aufgaben geben			
Stärken und Talente bei Erfolgen würdigen und anerkennen			
Oft um Meinung, Kritik und Ideen bitten			
An Fachurteil interessiert sein und dieses implementieren			
Intensiv beobachten, was Freude macht und begeistert			
Besondere Erfolge mit ähnlichen Aufgaben wiederholen			
Mittlere Herausforderungs-Niveaus von Zielen formulieren			
Ziele möglichst messbar machen und formulieren			
Erreichung von Teilzielen und Einzelaufgaben würdigen			
Zahlreiche Feedbacks in Vertrauen und Kompetenz geben			
Job Enrichment und Projektarbeiten mit Talentnutzung bieten			
Stärken und Talente mit Weiterbildung fördern und würdigen			
Beitrag/Einfluss für das Unternehmen und Team aufzeigen			
Miteinbezug in vielen Entscheidungen, Problemen und Fragen			
Erfolge oft feiern, kommunizieren und würdigen			
Auch Verhalten und Persönlichkeit als Erfolg würdigen			
Erfolge konkret, individuell und spezifisch anerkennen			
Neigungs- und Talenttests zur Talenterkennung bieten			
Erfolgsorientierte Laufbahn- und Karriereplanung vornehmen			
Zeit, Foren und Gehör für Ideen und Vorschläge schaffen			

Arbeitsumfeld

Das Arbeitsumfeld rangiert nicht mehr in den Spitzenpositionen, ist aber immer noch in den Top Ten mit dabei. Ergonomische Qualität, moderne Bürokonzeptionen, Umweltaspekte, moderne Arbeitshilfsmittel sind einige Beispiele, welche das Arbeitsumfeld prägen und beeinflussen. Ferner spielen Temperaturen und Ausstattungen eine Rolle und die Nichtraucherproblematik gewinnt mit zunehmender Bedeutung des Gesundheitsbewusstseins einen immer grösseren Stellenwert. Das Arbeitsumfeld zeichnet sich in einem weiter gefassten Verständnis auch durch verantwortungsvolles Handeln, Offenheit und Achtung gegenüber dem Einzelnen aus. Einige weitere konkrete Punkte:

- Beleuchtungsqualität, Raum- und Arbeitsflächengrösse
- Lärmgrenzwerte und Geräuschkulissen
- Qualität von Lüftungs- und Klimaanlagen
- Monitorauflösung und PC-Ergonomie als Ganzes
- Raum für Individualität – Individualität des Arbeitsplatzes

Flexible Arbeitszeitgestaltung

Arbeitszeitgestaltung ist im Zeitalter der Work-Life-Balance berechtigterweise ein Anliegen. Die bekanntesten Formen der Arbeitszeitflexibilisierung sind die Gleitzeit und Teilzeitarbeit. Bei der Einführung flexibler Arbeitszeiten ist zu berücksichtigen:

- Organisation und Regelung der Zeiteinteilung
- Trennung von Betriebs- und Arbeitszeit
- Trennung von Entgelt und Arbeitszeit
- Ausgleich und Kontrolle der Überstunde
- Mess- und Kontrollierbarkeit nach bestimmten Kriterien

Als innovativ gelten Arbeitszeitflexibilisierungen, die mehrere Merkmale miteinander verbinden wie Gleitzeit, Job-Sharing, Telearbeit, Teilzeit à la carte, gleitender Ruhestand. Die Vorteile einer Arbeitszeitflexibilisierung können je nach Betrieb und Organisation nebst der Motivationswirkung auch die Schaffung neuer Arbeitsplätze, Verlängerung der Öffnungs- und Servicezeiten und bessere Leistungsbedingungen und Auslastung der Anlagen sein.

Work-Life-Balance

Immer mehr Single-Haushalte, alleinerziehende Mütter und doppelver-
dienende Haushalte einerseits und Veränderungen in den Wertvorstellungen und Prioritätensetzungen von Arbeit und Freizeit andererseits
führen dazu, dass die Work-Life-Balance über das Schlagwort hinaus
an Bedeutung gewinnt. Fasst man neuere Untersuchungen zusammen,
können 15% der Erwerbstätigen Beruf und Privatleben nicht unter
einen Hut bringen und über 20% mangelt es an Freizeit.

Deshalb ist die Motivationswirkung der Gestaltung einer Work-Life-
Balance-Politik, das Privat- und Berufsleben von Mitarbeitern unterstüt-
zend in Einklang zu bringen, gross. Dabei gibt es zwei Hauptbereiche:
Arbeitszeiten und Dienstleistungen. Die Bedeutung der Work-Life-
Balance wird auch in der von Professor Norbert Thom vom Institut für
Organisation und Personal der Universität Bern 2004/2005 durchgeführten sehr interessanten Studie "Career- und Lifestyle-Management"
bestätigt. Bei dieser gehören nicht etwa Karriere und Lohn zu den
wichtigen Werten, sondern ein gutes Familienleben und der Wunsch,
mit der Familie mehr Zeit verbringen zu können.

Merkpunkt für die Praxis

*Work-Life-Balance umfasst wesentlich mehr als nur weniger Arbeit
und mehr Freizeit haben zu wollen. Es ist damit eine die Ausgewogenheit, Harmonie und alle Lebensbereiche umfassende Lebenshal-
tung gemeint, die Partnerschaft, Kinder, Freizeit, Sinn, Kultur, Gesundheit und Persönlichkeitsentwicklung im Interesse eines ganzheitlichen Lebensstils umfasst.*

Massnahmen für Work-Life-Balance	setzen wir bereits ein	eventuell, ist zu prüfen	passt nicht zu uns
Flexible Arbeitsformen wie Jobsharing			
Flexible, auch temporäre Teilzeitmodelle			
Gewährung von Auszeiten wie Sabbaticals			
Flexible Ferienregelungen			
Ergonomische Arbeitsplatzgestaltung			
Mitfinanzierung bestimmter privater Weiterbildungen			
Errichtung/Vermittlung Kinderhütedienste			
Gesundheitsprogramme und -aktivitäten			
Medizinische Leistungen wie Vorsorgeuntersuchungen			
Rückzugsmöglichkeiten in Relaxräume			
Persönlichkeitsbildende Kurse inkl. privatem Nutzen			
Therapeutische Vermittlungen in privaten Krisen			
Sportliche Aktivitäten und Wellness-Angebote			
Steuer- und Rechtsberatung			
Ferien- und Reisedienstleistungen			
Referatreihen auch zu privaten Themen			
Tag der offenen Tür für Angehörige			
Kooperationsangebote (Wohnen, Reisen, Einkauf)			
Flexible Auszeitmodelle			
Services wie Behördenhilfe, Steuern, Kreditvergaben			

Arbeitszeiten

Für eine work-life-gerechte Arbeitszeitgestaltung sollte über Teilzeit-stellen und Jobsharing-Angebote hinaus auch Gleitzeit mit Arbeitszeit-konti, die Vertrauensarbeitszeit und das Evaluieren weiterer Arbeits-zeitmodelle in Betracht gezogen werden. Bei Teilzeitstellen entspricht die Schaffung von mehr Teilzeitstellen auch für Führungskräfte einem grossen Bedürfnis, weshalb althergebrachte Vorurteile, dies sei für Kaderstellen nun mal nicht möglich, überdacht werden sollten. Ermög-lichen flexiblere Arbeitszeiten das Überbrücken von Problemen bei der Kinderbetreuung, private Ausbildungen mit hohem Stellenwert für den Mitarbeiter, Wünsche nach Sabbaticals für schon lange erträumte Rei-sen oder das vorübergehende Engagement in grösseren Freizeitprojek-ten, ist die Motivationswirkung mit Sicherheit stark und nachhaltig.

Dienstleistungen

Dienstleistungen im Bereich der Haushaltsführung, der Kindererziehung und Betreuung von pflegebedürftigen Familienmitgliedern zeugen von sozialer Verantwortung und haben einen entsprechend hohen Wert gerade bei jenen Mitarbeitern, die solche Dienstleistungen besonders dringend benötigen.

Die nachfolgende Übersichtstabelle gibt Ihnen konkrete Anregungen zur Prüfung, Planung und eventuellen Einführung von generellen Ne-benleistungs-Massnahmen.

Merkpunkt für die Praxis

Unternehmen tun gut daran, Work-Life-Balance nicht als Modeer-scheinung wie viele andere Managementtrends abzutun, sondern als Ausdruck eines tief verwurzelten Bedürfnisses zu betrachten, Arbeit und Freizeit in einen harmonischen Einklang zu bringen und die Le-bensbereiche Freizeit, Familie und Arbeit gegenseitig sinnstiftend ein-zubeziehen und sich ergänzen zu lassen.

Personal-Dienstleistungen	ist vorhanden	verbessern	fehlt, angehen
Einrichtung von Betriebs-Kindergärten			
Vermittlung von Kinderhütediensten			
Gute Einkaufsservices und –konditionen			
Mithilfe und Zeitermöglichung für Behördengänge			
Finanzielle Beteiligungen an Kinderhütediensten			
Vaterschaftsurlaub			
Vorsorgeuntersuchungen			
Vermittlung von externer Unterstützung bei Problemen			
Sonderurlaub bei Weiterbildung oder Burnout			
Mentoring			
Neuorientierungs-Coaching			
Eltern-Hotline			
Karriereplanung und Laufbahnberatung			
Trauerbegleitung			
Externe Pädagogik-Beratung und Erziehungs-Support			
Beratung für persönlichkeitsentwickelnde Massnahmen			
Erziehungsurlaub			
Unterstützungsangebote für alleinerziehende Mütter/Väter			
Raucher-Entwöhnungskurse oder –therapien			
Car-Sharing von Firmenautos über das Wochenende			
Ausleihen von Notebooks und anderem für private Zwecke			

Bedürfnisfelder von Motivationsarten	sehr wichtig	teilw. wichtig	unwichtig
Sozialer Kontakt Beispiele: Betriebsausflug, Anlässe, sportliche Anlässe			
Selbstbestimmung Beispiele: Flexible Arbeitszeiten, Telearbeit, Wahl Arbeitsort			
Gesundheitsförderung Beispiele: Vorsorgeleistungen, Gesundheitswochen, Ergonomie			
Anerkennung Beispiele: Incentives, Mitarbeitergespräche, Führungspolitik			
Sicherheit Beispiele: Versicherungsdienstleistungen, Kündigungsschutz			
Flexibilität Beispiele: Arbeitszeit, Arbeitsort, Sabbatical-Möglichkeiten			
Familien- und Lebenspartner-Einbezug Beispiele: Kinderhütedienste, Sonderferien, Arbeitszeitregelungen			
Materielles und Eigentum Beispiele: Lohn, Lohnnebenleistungen, Einkaufsvergünstigungen			
Komfort Beispiele: Relaxräume, Bahn- und Flugleistungen, Ergonomie			
Status und Prestige Beispiele: Firmenauto, Clubs, Hierarchisches, Kompetenzen			
Weiterentwicklung Beispiele: Personalentwicklung, Laufbahn- und Karriereberatung			

10 wirksame und nachhaltige Motivations-Möglichkeiten

Als Zusammenfassung dieses Kapitels möchten wir nachfolgend den Fokus auf zehn wesentliche und praxisrelevante Punkte richten, die auch einem modernen und ganzheitlichen Motivationsverständnis entsprechen. Weder ausgeklügelte Boniprogramme noch edle Firmenautos begeistern Mitarbeiter auf Dauer nachhaltig. Es sind im Gegenteil konservative Werte des Anstands, des Respekts und des Wissens um menschliche Grundbedürfnisse nach Sinngebung und sozialer Art.

1. Vermitteln Sie Perspektiven

Perspektiven geben heisst nichts anderes als dem Mitarbeiter zu sagen: "Du bist für uns wertvoll, wir wertschätzen deine Leistungen und deshalb möchten wir dir bei uns eine Zukunft mit interessanten Herausforderungen bieten". Unternehmen, die eine konsequente Mitarbeiterförderung betreiben, an der Laufbahn ihrer Mitarbeiter interessiert sind und attraktive Weiterbildungsmöglichkeiten bieten, profitieren zudem mehrfach, da sie besonders die qualifizierten und leistungsbewussten Mitarbeiter an das Unternehmen binden.

2. Geben Sie interessante Aufgaben

Die Frage "Wie können wir ihre Arbeit interessanter machen" wird von Führungskräften und Mitarbeitern viel zu selten. Spannende, herausfordernde, interessante und abwechslungsreiche Aufgaben, mit denen Mitarbeiter ihre Fähigkeiten und Talente einsetzen und beweisen können, sichtbare Resultate erzielen, sich über Erfolgserlebnisse freuen können, den Sinn und Beitrag zum Unternehmensganzen (er)kennen, gehören zu den wichtigsten Motivationsfaktoren überhaupt.

3. Sprechen Sie Wertschätzung aus

Lob und Anerkennung sind der Balsam und Sauerstoff der Seele, wird oft zu Recht gesagt. Darauf sprechen alle Mitarbeiter an und erkennen, dass ihre Leistungen nicht nur erkannt, sondern auch gewürdigt werden. Fähige Führungskräfte loben regelmässig, mitarbeiterorientierte Unternehmen feiern oft Erfolge und wertschätzen Leistungen. Ein erfolgreicher Unternehmer und Menschenführer sagte einmal: "In jedem Menschen steckt ein König. Sprich zu dem König, und er wird herauskommen."

4. Entdecken und fördern Sie Talente

Die meisten Mitarbeiter haben Talente. Dies zu entdecken, zu fördern und zu entfalten, ist besonders motivierend - und vielleicht eine der vornehmsten und wertvollsten Führungsaufgaben. Der Grund ist einfach: Wer Talente nutzt, erbringt besonders gute Leistungen und hat damit Erfolg. Wer Erfolg hat, ist stolz auf sich und die Aufgaben und identifiziert sich somit mit Unternehmen und Tätigkeit in besonderer Weise - und stärkt sein Selbstwertgefühl.

5. Geben Sie Verantwortung und Freiräume

Mitgestaltungsmöglichkeiten sind für engagierte Mitarbeiter höchst motivierend und wichtig, denn aktive und ehrgeizige Mitarbeiter möchten sich einbringen. Vor allem auch der Einbezug in Entscheidungen und das Nachfragen um Meinungen zeigt und beweist Respekt vor ihrem Urteilsvermögen und das Wissen um deren Kompetenz. Verantwortung und Freiräume sind immer auch ein starker und gelebter Vertrauensbeweis in Charakter und Fähigkeiten.

6. Tun Sie alles Sie für ein gutes Arbeitsklima

Mitarbeiterorientierte Unternehmen und Vorgesetzte haben oft Teams mit Winner-Charakter und leben Rituale und feiern Erfolge. Sich in Teams geborgen fühlen, zu einer Gemeinschaft zu gehören, sich helfen und fördern zu können und Vertrauensbeziehungen aufzubauen, ist ein tief verwurzeltes soziales Bedürfnis. Herausragende Führungskräfte erkennen und schaffen ein positives Arbeitsumfeld, das Mitarbeiter inspiriert, Kundenerwartungen erfüllt und Ziele erreichen hilft.

7. Interessieren Sie sich für den Menschen als Ganzes

Mitarbeiter sehnen sich auch am Arbeitsplatz nach einem sozialen Beziehungsnetz, indem sie nicht nur als Arbeitskraft, sondern auch als Menschen wahrgenommen werden. Führungskräfte mit einem positiven Menschenbild und Empathie sind deshalb so erfolgreich, weil sie genau dies erkennen und praktizieren. Verbunden mit Wertschätzung und der Fähigkeit des guten Zuhörens wird damit das wichtigste geschaffen, was menschliche Beziehungen auch und vor allem am Arbeitsplatz ausmacht: Die Vertrauensbasis.

8. Emotional Leadership: Zeigen Sie Gefühle

Zeigen Sie als Führungskraft Gefühle. Vorgesetzte mit emotionaler Intelligenz, die für Ziele begeistern können, Freude an erzielten Erfolgen zeigen, eine positive Stimmung erzeugen, zupackendes Engagement an den Tag legen und ihr Team mit guter Laune anstecken und inspirieren, sind gerade deshalb nicht nur beliebt, sondern auch als Vorgesetzte erfolgreich. Gefühle sind authentisch und sie sind der Funken, der schneller auf Teams und Menschen überspringt und zu Spitzenleistungen anspornt, als jedes noch so raffinierte Incentive.

9. Sinnstiftung in der Arbeit

Vor allem qualifizierte und leistungsbewusste Mitarbeiter möchten in ihrer Tätigkeit Sinn und Zweck sehen. Der Grund ist einfach: Wer die positiven und konstruktiven Auswirkungen seines Tuns kennt, sieht mehr Sinn. Die Autorin Anne M. Schüller bringt es auf den Punkt: „Sinn ist die ruhige besonnene Schwester der Begeisterung. Sinn trägt weder Maximierungszwang noch eine Konkurrenzkomponente in sich. Sinn ist sich selbst genug und macht uns frei".

10. Lassen Sie auch Humor und Spass nicht zu kurz kommen

Es wird viel zu oft verkannt, wie sehr Humor Menschen verbindet, entspannt und in positive Stimmung versetzt. Humorvolles Zusammenarbeiten hilft Spannungen abzubauen, inspiriert Mitarbeiter und öffnet neue Kommunikationswege, Facetten und Sichtweisen; deshalb wird er immer mehr als Führungskompetenz und eine Form der emotionalen Intelligenz betrachtet, um in Unternehmen neue Kulturen und Kreativität entstehen zu lassen.

Gehalt und Incentives

Welche Motivationswirkung haben Geld und Lohn?

Grundsätzlich sind materielle Anreize durchaus ein Instrument zur Motivation. Allerdings ist mittlerweile nachgewiesen, dass es bei weitem nicht das wichtigste ist, wenig Nachhaltigkeit hat und als alleiniges Motivationsinstrument nicht eingesetzt werden sollte. Im Verbund mit nicht monetären Anreizen und einer Unternehmenskultur, die Sinngebung, Entfaltungsmöglichkeiten und einen respektbasierenden und partnerschaftlichen Führungsstil ins Zentrum der Bemühungen stellt, wirken monetäre Anreize verstärkend.

Wirkungsebenen materieller Anreize

So wie die maslowsche Bedürfnispyramide die Bedürfnishierarchien aufzeigt, kann man dies auch mit den Wirkungsebenen von Geld, Lohn und materiellen Anreizen überhaupt darstellen. Geld ist als solches stark von den individuellen Grundwerten von Mitarbeitern abhängig, wie dies bei der Bedeutung von Karriere oder Erfolg auch der Fall ist.

Materielle Motivatoren sind nicht dauerhaft

Der Harvard-Professor Alfie Kohn hat nachgewiesen, dass es keine einzige Studie weltweit gibt, die eine dauerhafte Leistungssteigerung durch monetäre Anreizsysteme nachgewiesen hätte, wobei die Betonung auf *"dauerhaft"* liegt. Man kann mit Geld kurzfristige Motivationsschübe erzeugen, – mit den entsprechenden kontraproduktiven Langfrist-Konsequenzen: permanente Erhöhung der Reizniveaus, Unzufriedenheit als Verwöhnungsfolge, Belohnungssucht und das Kooperationsklima leidet. Ganz entscheidend ist dabei die grosse Gefahr, dass die Bindung an die Aufgaben und Ziele durch die Bindung an das Geld ersetzt wird.

Materielle Motivatoren können sogar kontraproduktiv sein

Darüber hinaus weist Kohn einen Effekt nach, der in der Arbeitswelt der Zukunft immer wichtiger werden wird: "Je mehr Menschen über Belohnungen nachdenken, desto mehr bevorzugen sie leichte, kurzfristig lösbare und tendenziell quantitative Aufgaben. Kreativität und Qualität bleiben auf der Strecke.". Hohe Gehälter sind zudem nicht selten die Ursache für eine negative Personal-Selektion: Leistungsschwache Mitarbeiter und Führungskräfte verbleiben im Unternehmen, weil sie für ihre Leistung nirgendwo sonst soviel verdienen.

Nur im Zusammenspiel ist materielle Motivation wirksam

Lohn, Provisionen und Fringe Benefits zeigen dem Mitarbeitenden faktisch und genau bezifferbar, wie viel seine Leistung und Arbeitskraft dem Arbeitgeber wert ist und wie hoch er diese einschätzt. So betrachtet kann man materiellen Anreizen eine indirekte Motivationswirkung zuschreiben. Ferner verstärkt materielle Motivation bei generell guter bis sehr guter Motivationssituation die generelle Zufriedenheit und das Bewusstsein der Akzeptanz. Fehlen jedoch entscheidende andere Werte, sinkt auch der materielle Motivationswert parallel. Ein konkretes Beispiel: Attraktive Provisionen und ein hohes Gehalt verlieren an Wirkung, wenn das Arbeitsklima schlecht ist, keine Weiterentwicklungsmöglichkeiten bestehen und die Arbeit keine Herausforderungen bietet.

Materielle Motivation und Qualität der Mitarbeiterleistung

Allerdings gilt auch bei der materiellen Motivation, dass Mitarbeiter individuell je nach Persönlichkeit und Grundwerten bei Geld und Lohn ebenso unterschiedlich motivierbar sind.

Wichtig ist in diesem Zusammenhang auch: Wer aus innerem Antrieb heraus sich an interessanten Herausforderungen und der Nutzung seiner Talente und Fähigkeiten motiviert, ist wohl der engagiertere, leistungsfähigere und wohl oft auch qualifiziertere Mitarbeiter als jener, der seinen Lohnbeleg und die Provisionsabrechnung als Motivationsgrundlage sieht. Zudem dürften sich primär materiell motivierte Mitarbeiter nicht in dem Masse binden lassen, wie dies bei stärker immateriell motivierten der Fall sein wird.

Motivation kann man nicht kaufen

Dr. Reinhard K. Sprenger, Autor des Bestsellers "Mythos Motivation" ist Unternehmensberater für Personalentwicklung und Managementtraining. Er berät nationale und internationale Unternehmen und ist Autor zahlreicher Publikationen und Lehrbeauftragter an mehreren Universitäten. Er ist bekannt dafür, durch provokante Thesen zum Denken anzuregen und die Motivations-Diskussion anzutreiben. Seine pointierte aber in vielerlei Hinsicht wohl zutreffende Meinung:

"Geld ist wichtig. Es ist das Resultat der eigenen besten Kräfte und symbolisiert die Wertschätzung der Tauschpartner. Eine ganz andere Frage ist, ob man Motivation "kaufen" kann. Vor dem Hintergrund meiner Praxiserfahrung bin ich von einer negativen Beziehung zwischen extrinsischen Anreizen und intrinsisch motivierter Leistung überzeugt: Die Motivierung zerstört die Motivation. – (Anmerkung des Autors: Damit meint nach meiner Interpretation Dr. K. Sprenger, dass zu sehr gesteuerte, organisierte, gelenkte Motivation diese untergräbt und ihre Glaubwürdigkeit und damit Wirkung negativ beeinträchtigt) *– und unter der Flagge der "leistungsorientierten Bezahlung" wird lediglich an Symptomen kuriert. Die "Reparaturintelligenz" inszeniert hier den aktionistischen Schein, um das eigentliche Problem nicht lösen zu müssen: passive und inkonsequente Führung".*

Zusammenfassend kann man eine leistungsgerechte Bezahlung durchaus als Fundament für eine hohe Einsatzbereitschaft bezeichnen. Doch als "Motivationsturbo" taugt sie indes nur bedingt, da der sinngebende und anerkennende Faktor fehlt, die Wirkung kurzfristig ist und eine nicht immer zu befriedigende Erwartungshaltung erzeugt wird. Bezahlung kann nur im Zusammenspiel mit anderen Faktoren seine Wirkung erzielen.

Merkpunkt für die Praxis

Materielle Motivationen sind wenig wirksam und nur bedingt nachhaltig. Doch kombiniert mit anderen immateriellen Faktoren haben Lohn, Incentives, Fringe Benefits und Belohnungsform zusammen wohl durchaus eine verstärkende und beweisende Wirkung und Funktion.

Generelle Möglichkeiten

Zur Förderung und Stärkung der Mitarbeitermotivation können verschiedene Instrumente, Boni und Erfolgsvergütungen genutzt werden. Besonders für Kaderleute werden zum bestehenden Gehalt oft variable, leistungsbezogene Lohnkomponenten hinzugenommen, welche z.B. direkt mit dem Unternehmenserfolg oder der individuellen Leistung der Kaderperson verknüpft sind.

Ein weiteres mögliches, variables Entlöhnungsmodul enthält Bezüge, welche infolge einmaliger, nicht vorgesehener hervorragender Leistungen ausbezahlt werden. Als recht verbreitete Komponente enthält das Modul Fringe Benefits all diejenigen Einkommenselemente, welche nicht in Form von Geld und unabhängig vom Unternehmenserfolg oder der individuellen Leistung vom Arbeitgeber freiwillig erbracht werden.

Kriterien einer leistungsorientierten Vergütung

Alle Mitarbeitenden sind bis zu einem gewissen Grad – je nach Unternehmenskultur und Führungspolitik – Mitunternehmerinnen und Mitunternehmer. Die Beteiligung an Chance und Risiko schlägt sich demzufolge immer stärker in einem variablen Anteil nieder, wobei grundsätzlich am Ergebnis des gesamten Unternehmens partizipiert wird. Je nach Grad der Beeinflussbarkeit der Ziele und der erreichten Ergebnisse wird die Beteiligung am Gesamtunternehmen, an einer Organisationseinheit oder an einem Team unterschiedlich gross ausfallen. Im Gegensatz zur leistungsabhängigen Steuerung der Löhne gelangt bei Boni und Incentives ein voll variables Element, das jeweils einmaligen Charakter hat, zur Auszahlung. Die Höhe der Ausschüttung – insbesondere bei Ergebnisbeteiligungssystemen – basiert im Gegensatz zum leistungsabhängigen Salär auf einer genauen Berechnungsgrundlage.

Wie kann materielle Motivation verstärkt werden?

Materielle Motivation kann bei Berücksichtigung einiger Regeln und Erfahrungsgrundsätze auf einfache Art in ihrer Wirkung verstärkt werden:

▪ Lohnerhöhungen, Prämien und dergleichen sollten gerecht, transparent und nachvollziehbar sein.

▪ Gewohnheitsmässig ausbezahlte, "automatisierte" Geldleistungen verlieren ihre Wirkung schnell und demotivieren aber bei deren Ausbleiben umso stärker.

▪ Überraschend und unerwartet ausgerichtete und persönlich überreichte materielle Motivation wirkt stärker.

▪ Prämienpools, welche individuelle Leistungen angemessen berücksichtigen aber auch die Teamleistung honorieren, können im Zusammenspiel mit anderen immateriellen Elementen erfolgreich sein.

▪ Geldwerte können auch auf spielerische und emotionale Weise entrichtet werden und wirken stärker (Team-Wettbewerbe, Sachwerte mit Symbolgehalt, originelle Reisen oder Freizeit-Veranstaltungen usw.).

▪ In einem symbolischen, mit besonderer Würdigung verbundenen Umfeld wirkt eine einmalige Leistung stärker (Beispiel: Lohnerhöhung mit individuellem Anerkennungsbrief nach vorangegangenem Würdigungsgespräch ausser Hause).

▪ Leistungsprämien müssen unter Nutzung von Engagement, Fähigkeiten und Beharrlichkeit eindeutig beeinflussbar sein und gegen unten ein "Auffangnetz" haben.

Merkpunkt für die Praxis

Leistungsbasierende Bonussysteme können zur Belohnungssucht führen und zur Folge haben, dass das Reizniveau immer höher angesetzt werden muss, um die erwartete Leistung zu bewirken. Reduzierte oder ganz ausbleibende Bonusauszahlungen bewirken dann schnell Frustration und werden damit in höchstem Grade kontraproduktiv.

Aus Sicht neuerer Kenntnisse im Bereich der Motivation sollten bei der Einführung einer erfolgs- und leistungsorientierten Vergütung und bei Gehaltsfestsetzungen und –veränderungen Überlegungen der nachfolgenden Übersicht miteinbezogen werden:

Kriterien für Gehaltsentscheidungen

Bei Lohnanpassungen, Lohngesprächen und dem Festlegen einer Lohnpolitik können folgende Kriterien herangezogen werden, um motivierende Wirkungen zu erzielen.

- Differenzierung nach Leistung unter Einbeziehung aller Mitarbeiter
- Motivationswirkung ab einer gewissen Höhe (mindestens 10%)
- Kurzer zeitlicher Abstand zwischen Leistung und Vergütung
- Einfluss von Mitarbeitern auf prämierte Bemessungsgrundlage
- System sollte transparent, nachvollziehbar und verständlich sein
- Bei erfolgsbasierenden Massnahmen objektive Messbarkeit
- Berücksichtigung immaterieller Motivatoren wie Verantwortung
- Individuelle Anpassungsmöglichkeiten wie das Cafeteria-System
- Transparenz der Erhöhungs- und Festlegungsentscheide
- Nachvollziehbarkeit der Lohnveränderungsentscheide
- Verständlichkeit der Erhöhungs- und Festlegungsentscheide
- Vorgehen und Prinzipien bei jährlichen Lohngesprächen
- Gewisse Mitberücksichtigung der Dauer der Betriebszugehörigkeit
- Gewisse Mitberücksichtigung sozialer Gegebenheiten (Kinderzahl)
- Gewisse Mitberücksichtigung der hierarchischen Stellung
- Offene und ehrliche Begründungen bei wirtschaftlichen Engpässen
- Bei wirtschaftlichen Problemen Gleichbehandlung Kader-/MA-Löhne
- Keine exorbitanten, nicht nachvollziehbaren Top -Löhne

Ein leistungsorientiertes Salärsystem sollte allerdings nicht die alleinige Bemessungsgrundlage sein. Der Lebensstil, der Stellenwert von Arbeit und Freizeit und die Arbeitsmethoden und -modelle haben sich grundlegend verändert. Deshalb ist es von Vorteil, Mitarbeitern zusätzlich eine Reihe von immateriellen Leistungen zu gewähren, welche die Qualität der Arbeitsplätze und die Befriedigung bei der Arbeit insgesamt erhöhen.

Wertorientierte Leistungslöhne bei Führungskräften

Wertorientierte Leistungslöhne honorieren Führungskräfte für die langfristige Wertschöpfung. Im Vergleich zu herkömmlichen Bonussystemen haben wertorientierte Lohnsysteme einige klare Vorteile, zum Beispiel eine grössere Motivationswirkung, da Mehrjahresziele dem Bonussystem mehr Hebel- und Motivationswirkung vermitteln. Hinzu kommt ein erhöhtes Kostenbewusstsein auch bei Investitionen: Der

Einbezug der Kapitalkosten führt zum effizienteren Einsatz der Investitionsmittel. Nicht zuletzt ist auch die langfristige Ausrichtung ein nicht zu unterschätzender Vorteil, da zum Beispiel Bonusbanken zu langfristigem Denken und geringerem Risiko führen.

Transparente Kriterien für die Gehaltsbestimmung

Sowohl bei der Festlegung von Gehältern wie auch bei Lohngesprächen und Lohnerhöhungen ist es wichtig, die Kriterien und Leistungsdefinitionen transparent, gerecht, einheitlich und nachvollziehbar zu kommunizieren und zu handhaben. Werden Löhne willkürlich angesetzt oder erhöht, kann dies erhebliche Demotivationen zur Folge haben. Schriftliche Lohnreglemente, deren Einhaltung von der Personalabteilung überprüft werden, können ein Mittel sein, diese Transparenz und Einheitlichkeit sicherzustellen. Die nachfolgende Tafel zeigt Kriterien für die Festlegung von Lohnsystemen und Löhnen auf.

Erfolgsvergütungen

Es existieren zahlreiche Formen von Erfolgsvergütungen, die je nach Messbarkeit, Mitarbeiter, Abteilung und Zielsetzungen variieren und auf Vorgaben der Geschäftsleitung basieren. Werden Sie aufgrund transparenter, nachvollziehbarer, objektiver und fairer Beurteilungskriterien eingesetzt, haben sie eine durchaus motivatorische Wirkung. Es sind dies zum Beispiel:

Aktienoptionen

Führungskräfte und ihre Mitarbeiter erhalten das Recht, Aktien ihres Unternehmens zu einem vorher festgelegten sogenannten Bezugspreis zu erwerben. Liegt der aktuelle Kurs über dem Bezugspreis, können sie die Differenz als Gewinn einstreichen, indem sie die Aktien wiederverkaufen. Die Optionen dürfen nur ausgeübt werden, wenn das Unternehmen bestimmte Ziele erreicht, etwa einen über längere Zeit steigenden Aktienkurs.

Arbeitgeber-Darlehen

Wenn Unternehmen Mitarbeitern in finanzieller Form unter die Arme greifen, muss dies nicht immer in Form von Bargeld geschehen. Beim Arbeitgeber-Darlehen ist sogar das Gegenteil der Fall: Das Unternehmen gewährt seinen Mitarbeitern Kredite, für die weit weniger Zinsen fällig werden als bei Bankkrediten – ideal beispielsweise für die Anschaffung von Immobilien. Die Zinsersparnis braucht nicht als geldwerter Vorteil versteuert zu werden.

Bonus

Teil der variablen Vergütung, die über das Grundgehalt hinaus bezahlt wird. Der Bonus kann eine einmalige, freiwillige Leistung des Unternehmens sein ("Nasenprämie"), er kann aber auch als garantierte Zahlung den Mitarbeiter für das Erfüllen einer Zielvereinbarung belohnen. Ein typischer Bonustermin ist das Jahresende.

Cafeteria-System

Wie in der Firmenkantine nimmt man sich vom Incentive-Buffet das, was einem am besten schmeckt. Einige wenige Unternehmen bieten ihren Mitarbeitern an, sich ihre Benefits selbst zusammenzustellen. Je nach Lebenssituation fühlt sich der eine mehr durch einen subventionierten Parkplatz, der andere durch einen kostenlosen Bügeldienst oder Kindergartenplatz motiviert.

Gratifikation

Ob ein Firmenjubiläum, ein besonders erfolgreiches Geschäftsjahr oder der über dem Plan liegende Jahresabschluss: Für Gratifikationen gibt es zahlreiche Anlässe und Bemessungsgrundlagen.

Lunchchecks

Der Arbeitgeber wandelt einen Teil des Bruttogehalts in einen Essenszuschuss um und spart so Lohnnebenkosten; der Arbeitnehmer zahlt den von der Finanzverwaltung festgelegten Sachbezugswert aus seinem versteuerten Einkommen und erhält dafür zum Beispiel Restaurantschecks, deren Kaufkraft den steuerlichen Nachteil mehr als wettmachen. Ein solcher Weg ist vor allem bei Gehaltserhöhungen zu überlegen, wenn die Steuerprogression ins Gewicht fällt. Solche Schecks können in Restaurants oder Lebensmittelgeschäften eingelöst werden.

Freiwillige Leistungen/Nebenleistungen

Der individuelle Arbeitsvertrag und die Tarifverträge beschreiben die Entgeltleistungen, auf die der Arbeitnehmer einen Anspruch hat. Darüber hinaus gibt es Leistungen, die der Arbeitgeber aus freien Stücken gewährt, zum Beispiel das 14. Monatsgehalt. Diese freiwilligen Leistungen sind nicht zwingend mit den Komponenten der variablen Vergütung identisch: So können Unternehmen und Mitarbeiter für ein Arbeitsergebnis einen Bonus aushandeln (variabel), der aber gezahlt werden muss, wenn die Zielvereinbarung erfüllt wird.

Gewinnbeteiligung

Wie der Name schon sagt: Arbeitnehmer werden am Unternehmens-
gewinn beteiligt. In der Regel wird eine individuelle Zielvereinbarung
getroffen, die besagt, welche Ziele der Mitarbeiter erreichen muss, um
in den Genuss eines gewissen Betrags oder einer prozentualen Beteiligung am Erfolg zu kommen. Ist ein Prozentsatz verabredet, so hat das
zwar den Vorteil, dass verstärkte Anstrengungen den Anteil erhöhen
können. Der Nachteil ist aber, dass kein einplanbarer Betrag vereinbart
ist – unter Umständen fällt das Extra nicht so gross wie erhofft aus.

Jahresgesamtvergütung

Da der Anteil an variablen Gehaltsbestandteilen immer mehr zunimmt,
ist die Jahresgesamtvergütung mittlerweile die entscheidende Haus-
nummer, wenn es darum geht, sein Gehalt mit anderen zu vergleichen.
Neben dem Jahresgrundgehalt fliessen alle leistungsbezogenen Gelder
wie Boni, Prämien, Provisionen oder Gewinnbeteiligungen ein.

Jobticket

Hier handelt es sich um einen Beitrag zum öffentlichen Verkehr. Dieses
Extra ist zwar zu versteuern, aber wenn man die Monatskarten selbst
löst, kommt oft ein ordentlicher Betrag zusammen, der vom Arbeitnehmer in der Steuererklärung abgesetzt werden kann.

Long Term Incentives

"Langfristige Anreizsysteme" haben den Zweck, die Entgeltfindung für
alle Beteiligten so transparent wie möglich zu machen und gleichzeitig
die Interessen von Unternehmen und Mitarbeitern in Einklang zu bringen: Beide wollen Wert schaffen – in der Bilanz wie auf dem privaten
Bankkonto. Das übliche Mittel sind Aktienoptionen, die die Mitarbeiter
an der Steigerung des Börsenwerts ihres Unternehmens teilhaben lassen.

Prämien

Bei über den Vorgaben liegenden ausserordentlichen Leistungen quantitativer und qualitativer Art werden Prämien als einmalige materielle
Anerkennung ausbezahlt, die von der Personalabteilung und vom direkten Vorgesetzten gemeinsam festgelegt und jeweils zum Jahresende
abgegolten werden. Dafür besteht meistens ein von der Geschäftsleitung vorgegebenes Budget.

Portable Benefits

Darunter versteht man "mitnehmbare Zuwendungen." Früher – und vielfach auch heute noch – kamen Mitarbeiter erst dann in den Genuss von zusätzlichen Sozialleistungen wie Betriebsrenten, wenn sie dem Arbeitgeber fünf, zehn und noch mehr Jahre treu waren. Kündigten sie vorher, verfielen die bis dahin für sie eingezahlten Beiträge. Da das Jobhopping aber mittlerweile gesellschaftsfähig ist, garantieren immer mehr Unternehmen ihren Mitarbeitern die Unverfallbarkeit dieser Ansprüche und zahlen in Anlageformen ein, die die Leute bei einem Arbeitsplatzwechsel mitnehmen und dort weiterführen können.

Provisionen

Gestaffeltes Provisionssystem, welches aber immer Bestandteil eines Fixums sein muss und vor allem in verkaufs- und absatzorientierten Tätigkeiten und Abteilungen zum Einsatz kommt.

Stille Beteiligung

Bei kleineren Unternehmen, bei denen Aktienbeteiligungen als Extras nicht in Frage kommen, können verdienten Mitarbeitern jeweils auch Beteiligungen am Unternehmen eingeräumt werden. Gemäss der Geschäftsentwicklung nehmen Arbeitnehmer so am Erfolg oder Verlust teil. Als stille Teilhaber dürfen sie den Jahresabschluss einsehen, haben aber keinen Einfluss auf Geschäftsführung.

Variable Vergütung

Die Höhe bestimmter Vergütungsbestandteile wie Bonus, Provision und Tantieme ist nicht im Arbeitsvertrag oder in Tarifverträgen festgeschrieben, sondern bemisst sich nach veränderlichen Grössen, etwa Gewinn des Unternehmens oder individuelle Leistung des Mitarbeiters. Die Gesamtheit der variablen Vergütungsbestandteile und sonstigen Leistungen wird Fringe Benefits genannt.

Fringe Benefits

Durch Sachleistungen charakterisierte freiwillige Zulagen, die eine Firma ihren Mitarbeitenden zukommen lassen kann. Weihnachts- und Feriengeld sind allgemein üblich und werden meist schon fest mit in das Gehalt eingerechnet. Doch es gibt noch viel mehr solcher zusätzlichen Leistungen. Fringe Benefits dienen zur Bindung der Begünstigten ans Unternehmen. Über eine Erhöhung der Arbeitszufriedenheit des Personals kann so dessen Leistungsbereitschaft gefördert und eine Leistungssteigerung erreicht werden.

Mögliche Fringe Benefits	wird eingesetzt	prüfen	ungeeignet
Abschlussprämien			
Aktien			
Arbeitgeberbeiträge			
Dienstwagen			
Zinsgünstige Darlehen			
Übernahme von Handykosten			
Gratifikationen			
Job-Ticket / Fahrgeldzuschuss			
Kreditkarten ohne Jahresgebühr			
Umzugskosten			
Personalrabatt			
Vermögensbildung			
Gratisparkplätze			
Steuer- und Rechtsberatung			
Essensvergünstigungen			
Bildungsurlaub			
Sprachaufenthalte			
Vaterschaftsurlaub			
Direktversicherung			
Einkaufsvergünstigungen mit Partnerfirmen			

Direkt und indirekt gehaltswirksame Entlohnungsformen
Festgehalt und Leistungsanteil als Erfolgsprämie
Leistungsgehalt mit Garantieanteil
Reine leistungsorientierte Entlohnung ohne Festgehalt
Reine leistungsorientierte Entlohnung mit Sockelgehalt
Progressive Leistungsentlohnung (Staffelprämien nach Zielwerten)
Indirekt gehaltswirksame Entlohnungsformen
Betriebliche Altersvorsorge
Über gesetzliche Vorschriften hinausgehende Vorsorgeleistungen
Unfallversicherung
Aus –und Weiterbildung (intern/extern)
Dienstwagen auch zur privaten Nutzung
Handy auch zur privaten Nutzung
Mitarbeiterdarlehen
Personalrabatt
Beteiligung am Unternehmensgewinn
Unternehmensbeteiligung
Sonstige freiwillige soziale Leistungen (Geburtsgeld etc.)

Total Reward Programme

Wie sich das Grundverständnis von Vergütung gewandelt hat, zeigen sogenannte Total Reward-Programme, welche neben materiellen Aspekten auch Personalentwicklungs-Massnahmen und weitere immaterielle Aspekte einbeziehen. Wurde Vergütung früher mit Gehalt gleichgesetzt, so umfasst der Begriff heute weit mehr: Fixes und variables Gehalt, betriebliche Nebenleistungen und persönliche Entwicklungsmöglichkeiten sind heute in einem attraktiven Gesamtvergütungspaket berücksichtigt. Ein zeitgemässes "Total Reward"- oder Gesamtvergütungssystem ist komplex. Entsprechend anspruchsvoll ist die Aufgabe, ein solches System zu entwickeln:

- Wie muss das Total Reward-System gestaltet sein, um die Umsetzung der Unternehmensstrategie zu fördern?
- In welche Vergütungselemente sollte und kann ein Unternehmen investieren?
- Wie kann das heutige Vergütungsbudget besser eingesetzt werden, um sowohl Wertschätzung als auch Bestleistung der Mitarbeiter zu fördern?
- Wie stellt man sicher, dass das Programm sowohl auf individuelle Mitarbeiterbedürfnisse wie auch auf die Unternehmenskultur ausgerichtet ist?

Diese und weitere Fragen sollten bei der Gestaltung eines effektiven Gesamtvergütungssystems beachtet und auf Grundlage sorgfältiger Kosten-Nutzen-Analysen geklärt werden. Mitarbeiterbefragungen, externe Benchmarkdaten und interne Berechnungsmodelle bieten hier aussagekräftige Entscheidungshilfen.

Motivationsfaktor Personalentwicklung

Personalentwicklung ist ein wichtiger Motivator

Warren Bennis, eine Kapazität auf dem Feld der Unternehmensführung sagt sehr klar und treffend: "Es gehört heute zu den schwierigsten Führungsaufgaben, Mitarbeiter im immer schnelleren Wandel zu motivieren und für ihre Arbeit zu begeistern. Menschen möchten vor allem ihre Wissbegier, ihre Neugier, also ihr Bedürfnis zu lernen, befriedigen. Menschen wollen gefördert werden, wachsen und bedeutende Entwicklungschancen nutzen können". Was kann eindrücklicher zeigen, welch hohen Stellenwert die Weiterbildung und Förderung von Mitarbeitern im Unternehmen haben muss? Auf den folgenden Seiten gehen wir mit Erläuterungen zur Evaluierung und Anwendung von Weiterbildungsmassnahmen auf dieses Thema ein.

Wie stark sind Motivation und Ambitionen?

Ein ganz wichtiger Aspekt, der oft über Erfolg und Misserfolg entscheidet, ist auch bei Personalentwicklungsmassnahmen die grundsätzliche Motivierbarkeit und das Lerninteresse. Ein junger Webmaster, der voller Ehrgeiz und Enthusiasmus topmotiviert an seine Aufgabe geht, wird mit einem einfachen Zweitages-Workshop mehr erreichen und PE-Massnahmen wirkungsvoller nutzen als eine Führungskraft mit innerer Kündigung während eines mehrmonatigen Führungstrainings.

Generelles Verhalten, Initiative und Einsatz, Antriebsstärke, Qualitätsbewusstsein, Weiterbildungsinteresse, Qualifikationsresultate und Leistungsniveau sind einige Hinweise, wie es um die Motivation eines Arbeitnehmers steht.

Merkpunkt für die Praxis

Man kann die kompromisslose Meinung vertreten, dass bei nicht motivierbaren Mitarbeitern mit geringer Leistungsbereitschaft überhaupt keine Aus- und Weiterbildungsmassnahmen ergriffen werden sollten. Wenn Leistungsbereitschaft und Lernmotivation fehlen, ist das Scheitern jeglicher Massnahmen in den meisten Fällen vorprogrammiert.

Die nachfolgende Übersichtstafel zeigt auf einen Blick die Vielfalt der zur Verfügung stehenden Personalentwicklungsinstrumente in der betrieblichen Praxis.

Übersicht von Personalentwicklungs-Instrumenten

Mitarbeitereinführung und –auswahl

- Einführungsprogramme für neue Mitarbeiter
- Beurteilungssysteme
- Strukturierte Auswahlverfahren
- Anforderungsprofile
- Potenzialanalysen

Informations- und Kommunikationsstrukturen

- Zielvereinbarungsgespräche
- Mitarbeiterbeurteilung
- Mitarbeitergespräche
- Qualifikationsgespräche
- Verhaltenstrainings
- Mentoring und Coaching
- Erfahrungsaustausch-Gruppen

Kader und Führungskräfte-Förderung

- Führungskräfteentwicklung
- Führungskräftezirkel
- Führungspositionen auf Zeit
- Förderkreise und Förderprogramme
- Laufbahn-, Karriereplanung
- Führungskräftequalifizierung on/off-the-job
- Kader-Nachwuchsförderung

Weitere Instrumente und Methoden

- Vorträge, Tagungen und Referate
- Training-on-the-Job
- Förderprogramme
- Innovationsförderung
- Jobenrichment und –enlargement, Job Rotation
- Team- und Projektgruppenarbeiten
- Seminare
- Kurse und Workshops
- E-Learning wie Online-Lehrgänge
- Multiple Choice und andere Lernsoftware
- Fernunterricht
- Rollenspiele
- Bücher und Fachzeitschriften für das Selbststudium

Wie steht es um die zeitliche und örtliche Flexibilität?

Je nach Massnahme können das private Umfeld, die Mobilität oder die örtliche Flexibilität eine Rolle spielen, wenn es zum Beispiel um ein halbjähriges Auslandpraktikum bei einer ausländischen Niederlassung geht.

Individueller Lernmix zur Motivationssteigerung

Der Einsatz mehrerer Lernmethoden und didaktischer Instrumente steigert in den meisten Fällen den Lernerfolg erheblich. So kann ein autodidaktisches Studium mit Fachbüchern und einer guten Lernsoftware kombiniert mit einem Workshop-Training und einer online erfolgenden Erfolgskontrolle mit Diskussionsforen zur Vertiefung des Stoffes – um ein konkretes Beispiel der Möglichkeiten aufzuzeigen – eine sehr effektive und vor allem auch spannende und motivierende Form des Lernens und des Sich-Weiterbildens sein.

Fallbeispiel: Kombiniertes Lernen

Ausgangslage

Herr Markus R. ist Exportleiter der Firma International AG und sollte in kurzer Zeit seine Englischkenntnisse verbessern. Dafür stellt er in Zusammenarbeit mit der Personalabteilung ein Programm zusammen.

Massnahmen

Ein Intensivkurs in Businessenglisch in einer Kleingruppe mit Betonung auf Verhandlungs-Englisch ist eine Massnahme. Eine weitere ist ein Sprachtrainer, der Markus R. als Sprach-Coach bei vier wichtigen Verhandlungen begleitet und unterstützt. In einem Online-Training via Internet erweitert er zeit- und ortsunabhängig seinen Wortschatz und tauscht in einem Chatraum Erfahrungen mit Lernenden aus. Da er ein sehr disziplinierter Autodidakt ist, verbessert er sein Englisch durch einen Online-Kurs und Bücher, womit er das Lernen auch in seine Freizeit einbindet. Über den Fortschritt informiert er das HR protokollartig via E-Mail, wo die Informationen und Lernerfahrungen in eine Aus- und Weiterbildungsdatenbank einfliessen.

Klares und konkretes Lernziel

Ein Lern- und Weiterbildungsziel sollte schriftlich in qualitativer und quantitativer Form festgehalten werden und allen Beteiligten (Vorgesetzter, Ausbildender, Teilnehmer, HR-Abteilung) klar und gegenwärtig sein. Dabei sollten es nicht schwammige Absichtserklärungen, sondern konkrete, messbare und erlebbare Zielsetzungen sein.

Welches sind die beruflichen Zielsetzungen?

Diese Frage ist natürlich von entscheidender Bedeutung. Sie gibt Aufschluss über den Stellenwert einer allfälligen Kadernachwuchs-Förderung, über die zu investierenden Kosten und die Kongruenz von Zielen des Mitarbeiters in Abstimmung mit Abteilung und Unternehmenszielen. Qualifikationen, Motivation und Identifikation des Mitarbeitenden mit dem Unternehmen spielen hier eine Rolle.

Welcher Lerntyp ist der Weiterzubildende?

Hier sind persönliche Präferenzen zu berücksichtigen. Wichtig ist dabei, dass Mitarbeitende über die Schwächen und Stärken genau informiert werden, über alle Möglichkeiten Bescheid wissen und diese auch aus der Praxis heraus realistisch beurteilen können. Schon einfache Beobachtungen im Arbeitsalltag können aufschlussreich sein, um welchen Lerntyp es sich jeweils handelt.

Hauptstossrichtungen der Bildungsmethoden

Die Wahl der Bildungsmethode hat einen erheblichen Einfluss auf die Effizienz und Motivation betrieblicher Bildungsmassnahmen. Je nach Bildungsziel, Teilnehmerschaft sowie fachlichen und personellen Ressourcen entscheidet man sich für die geeignetste Methode.

Die Einzel- und Gruppenbildung

Die Einzelbildung hat den klaren Vorteil, dass man sich am individuellen Lerntempo und an den spezifischen Bedürfnissen und persönlichen Lernzielen des betreffenden Mitarbeiters orientieren kann. Gerade unter Zeitdruck oder im Falle einer wichtigen Schlüsselposition kann dieser Weg der richtige sein. Das Einzellernen ist sehr oft eine gute Ergänzung zu anderen bestehenden Massnahmen oder kann in Kombination mit solchen von Beginn an geplant werden.

Das Gruppenlernen zeichnet sich dadurch aus, dass ein Erfahrungs- und Wissensaustausch stattfindet, die Lernmotivation in einer Gruppe normalerweise förderlich ist und diese Methode wesentlich niedrigere Kosten verursacht. Weitere Vorteile können sein:

- Einfachere Beobachtung des Lernverhaltens
- Vergleich von Zielerreichung und Akzeptanz
- Gleichzeitige Entwicklung von Sozialkompetenzen
- Ein gewisser Gruppendruck und verstärkte Zielorientierung

Bildung am oder ausserhalb des Arbeitsplatzes

Die Frage, ob eine Weiterbildung am (Training-on-the-job) oder ausserhalb des Arbeitsplatzes (Training-off-the-job) vorgenommen wird, ist eine Grundsatzentscheidung. In der Praxis wird die Bildung am Arbeitsplatz gewöhnlich bevorzugt, da die Verknüpfung von praktischen und "live" anfallenden Tätigkeiten mit dem Training und dem darauf aufbauenden Wissen und neuen Fertigkeiten den Praxistransfer und damit die Lernmotivation stark fördert.

Ablauf von Bildungsaktivitäten am Arbeitsplatz

Bei Aktivitäten und Unterweisungen am Arbeitsplatz empfiehlt sich ein systematisches und strukturiertes Vorgehen, damit der Trainingseffekt nicht aus den Augen verloren wird. Dabei hat sich die Systematik der folgenden Vorgehensweise bewährt:

1. Formulierung des *Lernziels* und des Trainingsinhaltes
2. *Vorbereitung* mit Aufgaben, Arbeitshilfsmitteln und Situationen
3. *Vorführung* des Trainierenden am evtl. aktuellen Praxisbeispiel
4. *Nachmachen* und Erstanwendung des Lernenden
5. *Besprechung und Erörterung* von zu verbessernden Punkten
6. Sofort folgende und spätere ähnliche Übungsaufgaben

Geht es aber um die Vermittlung grosser Mengen neuen Wissens oder werden grundsätzliche Verhaltensweisen trainiert, hat die Bildung ausserhalb des Arbeitsplatzes klare Vorzüge, welche gerade im raschen technologischen und wirtschaftlichen Wandel in die Überlegungen einzubeziehen sind. Die nachfolgende tabellarische Übersicht zeigt die konkreten Vor- und Nachteile:

Vor- und Nachteile *on-* und *off-the-Job*	
+ Vorteile am Arbeitsplatz	**+ Vorteile ausserhalb Arbeitsplatz**
Rückkoppelung mit Tätigkeiten	Mehr Wissen mit höherer Konzentration
Erfolgserlebnisse und Motivation	Bessere Gruppendynamik u. Interaktion
Tiefere Kosten	Klarere Strukturvermittlung
Anpassung Lerntempo und -ziele	Anwendung mehrerer Lernmethoden
- Nachteile am Arbeitsplatz	**- Nachteile ausserhalb Arbeitsplatzes**
Wissensaustausch fehlt	Ausfall produktiver Arbeitszeit
Begrenzte Veränderungs-Bildung	Eher Labor- und Theoriesituationen
Geringere Konzentration	Fehlende Erfolgserlebnisse

Untenstehend zeigt eine grobschematische Zuordnung – was jedoch nicht immer exakt und ausschliesslich möglich ist – die möglichen Bildungsmassnahmen am und ausserhalb des Arbeitsplatzes. Auch hier ist es wiederum wichtig, sich der Kombinierbarkeit der verschiedenen Methoden bewusst zu sein.

Methoden-Zuordnung zu *on-* und *off-the-Job* PE-Massnahmen	
Am Arbeitsplatz, on-the-job	**Ausserhalb Arbeitsplatz, off-the-job**
Einführungsprogramme und Training	Diverse Moderationsmethoden
Projektgruppenvorbereitung	Rollen- und Planspiele
Followup-Aktivitäten	Fernunterricht und Autodidaktik
Fertigkeiten-Training (Software)	Erfahrungs- und Wissensaustausch
Arbeitsinstrumentgebundenes	Verhaltens- und Videotrainings
Job Rotation und Job Enlargements	Diskussionen und Fallbeispiele
Nachfolger-Arbeitseinführung	Qualitätszirkel und Förderkreise
Trainee-Programme	Gruppenarbeiten

Die nachfolgende Tabelle zeigt die wichtigsten Schritte einer individuellen PE-Bestandesaufnahme im Überblick. Das dann folgende Merkblatt eignet sich zur Steigerung der Lerneffizienz als Abgabe an Lernende und Studierende.

Schritte einer individuellen PE-Bestandesaufnahme

Diese Bereiche können beim Bedarfs –und Sondierungsgespräch angewendet werden sowie bei Planung und Konzeption als Ausgangslage und Kompass für eine zielorientierte Planung und Realisierung von Massnahmen einbezogen werden. Damit wird eine ganzheitliche Sicht der Dinge ermöglicht.

Laufbahnziele und berufliche Erfolge	Welches ist die Grundlage dieser Ziele, was liegt im Persönlichkeitsbereich und was im Unternehmensumfeld und welche Erfolge waren besonders prägend.
Idealvorstellung von Tätigkeiten und Berufsziel	Welche Kerntätigkeiten sind wesentlich, wie viel davon ist schon erreicht und was fehlt weshalb zur Erreichung der Idealvorstellung.
Aspekte der Work-Life-Balance	Welchen Stellenwert soll der Job kurz-, mittel- und langfristig einnehmen. Wie werden die familiäre Situation, die eigene Persönlichkeitsentwicklung und die privaten Pläne ins Lebensmanagement als Ganzes einbezogen.
Stärken und Schwächen in Selbst- und Fremdbild	Wie sieht das Selbst- und Fremdbild aus und welche Stärken und Schwächen sind ganzheitlich und im Hinblick auf das Berufsziel von Bedeutung.
Glaubenssätze und Leitwerte	Welche entscheidenden Werte und Motivatoren sind die Triebfeder des Denkens und Handelns: Erfolg, Erfüllung, Materielles, Kreativität.
Fähigkeiten, Fertigkeiten und Talente	Welche werden als besonders ausgeprägt und relevant erachtet – und welche können gefestigt und ausgebaut werden. Wichtig sind hier auch Talente und Neigungen.
Stärken und Defizite in den Sozialkompetenzen	Sozialkompetenzen gewinnen mehr und mehr an Bedeutung. Hier ist wieder eine Eigen- und eine Fremdbeurteilung von Vorteil und die Frage, inwieweit diese bei den Massnahmen einbezogen werden sollten.

Merkblatt für erfolgreiches und effizientes Lernen

Dieses Merkblatt enthält die neuesten Erkenntnisse aus der Lernforschung und eignet sich zur Abgabe an Lernende und Studierende in Ihrem Betrieb.

Lernumgebung	Emotionen und Wohlbefinden haben Einfluss auf den Lernerfolg. Lernen in guter Stimmung mit angenehmem Licht, einladenden Farben und stimmungsvollen Räumen hat Einfluss auf den Lernerfolg.
Arten der Wissensaufnahme	Permanent gleiches Wissen auf die gleiche Weise einhämmern ist ineffizient. Verschiedene Methoden wie Lesen, Hören, Lernsoftware, Diskussionen, Videoreportagen, praktisches Handling sind ergiebiger und "gehirngerechter".
Beispiele statt Theorien	Theorie ist auch für das Gehirn grau und langweilig. Fallbeispiele, Geschichten, Bezüge zu persönlichen Erfahrungen und zu Erlebtem machen die Wissensaufnahme einfacher und erfolgreicher.
Keine Angst vor Fehlern	Keine Angst vor Fehlern, diese als (notwendigen) Teil des Lernprozesses akzeptieren und sie als Fortschrittskontrollhilfe bewusst einbeziehen. Achtung: Fehlerangst kann blockieren!
Praxisnähe und Zusammenhänge	Was persönlichen Bezug zu eigenen Erfahrungen, Kenntnissen, Vorlieben, Aufgaben und Talenten hat, wird eher aufgenommen als trockene, theoretische Details. Die Verbindung des Lernstoffes mit eigenen Erfahrungen und Arbeitssituationen verbessert die Behaltensquote und das Verständnis wesentlich.
Wiederholung	Die Werbung weiss es, der Lernende muss es ihr gleichtun. Was systematisch wiederholt wird – je nach Stoff drei bis fünf Mal – wird vom Gehirn besser aufgenommen und besser behalten.
Pausen und Fitness	Jede Stunde eine Pause – möglichst an frischer Luft und in anderer Umgebung – ist wichtig. Pausen sollten besonders beim Wechsel zwischen den Themen des Lernstoffs gemacht werden. Genug Schlaf ist ebenso wichtig, da sich Erlerntes im Schlaf vertieft und ausreichend Schlaf eine wichtige Voraussetzung für Konzentration ist.
Aktivieren des Lernstoffes	Was aktiv verarbeitet wird, wird vom Gehirn wesentlich besser verstanden und behalten. Lernstoff sollte also umgesetzt, angewendet, diskutiert, erprobt und in der Praxis zum Beispiel mit Beobachtungen und Erfahrungen erforscht, vertieft und in Beziehung gebracht werden.
Dauer und Häufigkeit	Kurze aber häufige Lerneinheiten sind besser als stundenlanges Lernen und "Durchnächtigen" ohne oder mit zu wenig Pausen und Unterbrechungen.

Lernklima und Lernmotivation

Warren Bennis, eine Kapazität auf dem Feld der Unternehmensführung sagt sehr klar und treffend: "Es gehört heute zu den schwierig-ten Führungsaufgaben, Mitarbeiter im immer schnelleren Wandel zu motivieren und für ihre Arbeit zu begeistern. Menschen möchten vor allem ihre Wissbegier, ihre Neugier, also ihr Bedürfnis zu lernen, befriedigen. Menschen wollen gefördert werden, wachsen und bedeutende Entwicklungschancen nutzen können". Motivation gehört ebenso beim Lernen und bei Personalentwicklungs-Aktivitäten zu den zentralen Herausforderungen. Eine fundierte und dauerhafte Lernmotivation ist eine wichtige Voraussetzung für erfolgreiches Lernen. Wenn es in diesem Bereich Probleme gibt, greifen alle anderen Massnahmen oft nur teilweise oder machen einen Grossteil der Weiterbildungsbemühungen gar zunichte. Schon bei der Personalauswahl sollte man diesen Aspekt berücksichtigen, indem man auf die Lernbereitschaft und den Lernwillen genau so achtet wie auf die Motivierbarkeit, die Ambitionen und Berufs- und Laufbahnziele.

Stärken und Talente fördern

Lernmotivation – dies ist ein wesentlicher Punkt - kommt schon in der strategischen Ausrichtung zum Ausdruck, tendenziell eher vorhandene Kompetenzen, Stärken und Talente zu fördern, weiter zu entwickeln und zu stärken und weniger Defizite und Rückstände mit grossem Aufwand beseitigen zu wollen. Der Grund ist ein einfacher: Was man schon gut kann, macht auch beim Lernen mehr Spass und führt wesentlich schneller zu Erfolgserlebnissen und konkreten Resultaten.

Ein weiterer Aspekt ist die sorgfältige Bedarfsabklärung, die nicht nur den Bedürfnissen und Wünschen des Mitarbeiters, sondern auch seinen Talenten, Neigungen und Fähigkeiten entsprechen sollte. Hierfür sind beispielsweise Potenzialanalysen und präzise Mitarbeiterbeurteilungen geeignete Instrumente. Bildungsziele und –aktivitäten sollten zudem auch Bestandteil von Zielvereinbarungen sein, und zwar in dem Sinne, dass auch Lernziele thematisiert und vereinbart werden und mit sonstigen Leistungs- und Verhaltenszielen verknüpft werden.

Lernziele und Feedback

Weiter tragen messbare, konkrete, aber auch realistische Lern- und Laufbahnziele und Kontrollen von Teilzielerreichungen ebenfalls wesentlich zur Lernmotivation bei. Wie beim Praxistransfer ist auch bei der Lernmotivation eine enge Verknüpfung mit der Arbeitspraxis von grösster Bedeutung. Hier gilt es, Arbeitsinhalte zu schaffen, welche die Anwendung des Gelernten und im Idealfall sogar motivierende Erfolgserlebnisse ermöglichen. Aufgeschlossene Führungskräfte sorgen dafür, mit regelmässigen Feedbacks solche Zusammenhänge herzustellen bzw. zu erkennen, mit Feedbacks Nutzen und Erfolge des Lernens und der Weiterentwicklung zu kommunizieren und Mitarbeiter dafür zu sensibilisieren. Hinzu kommt das Vermitteln von Visionen, sozusagen das "Warum" hinter den Zielen. Erst das Erkennen des Sinnes hinter Zielen und das Wissen, wofür das Herz schlägt und Begeisterung mitschwingt, gibt Lernenden die Kraft und das Durchhaltevermögen, die gesetzten Ziele zu erreichen.

Bedeutung des Anspruchsniveaus

Eine weitere wesentliche Rolle spielt auch das Anspruchsniveau. Der Wert und die Erwartung von Gelerntem sollten sich die Waage halten, um wirklich Lernerfolge zu ermöglichen. Mittelschwere Lern- und Ausbildungsziele sind oft am anspornendsten. Es sind solche, die einerseits noch schwierig und interessant genug sind, um eine Herausforderung darzustellen und sich an ihnen messen zu können, andererseits aber ein nicht zu tiefes Niveau haben, das unterfordert, zu langweilig und zu einfach ist und daher an Motivationswirkung verliert. Ein weiterer Aspekt ist die Berücksichtigung der wichtigsten Lerntechniken, die oft nicht nur die Lerneffizienz, sondern auch die Lernmotivation beeinflussen. Oft genügt es, ein Merkblatt abzugeben, die Kernthemen erfolgreichen Lernens zu besprechen und in der Lernpraxis auf die Anwendung wichtiger Lerntechniken hinzuweisen.

Bedeutung der Bildungs- und Lernformen

Doch auch die Bildungs- und Lernformen haben einen nicht zu unterschätzenden Einfluss auf die Lernmotivation, vor allem bezüglich Lernerfahrung und Mitarbeiterpersönlichkeiten. Dazu ein konkretes Beispiel: So sind bei eher introvertierten Mitarbeitern E-Learning und Selbststudium womöglich geeigneter als bei extravertierten – dort sind es beispielsweise Rollenspiele und Workshops. Hier zusammenfassend noch einmal die wichtigen Einflussfaktoren zur Lernmotivation:

- Lern- und Motivationsbereitschaft schon bei Rekrutierung beachten
- Sorgfältige Bedarfsanalyse und Lernzielvereinbarungen
- Tendenziell eher Kompetenzen fördern als Defizite beseitigen
- Erfolgserlebnisse in der Praxis ermöglichen
- Vorgesetzten-Feedback und Anerkennung bei Umsetzungserfolgen
- Mittelschweres Anspruchsniveau des Lernstoffes und –zieles
- Das Warum hinter den Zielen: Visionen aufzeigen
- Die wichtigen und geeigneten Lerntechniken vermitteln
- Der Lerntransfer in die Praxis

Gerade in der betrieblichen Praxis ist Wissensvermittlung erst dann erfolgreich und wirklich motivierend, wenn sie zu Verhaltensänderungen führt und im Berufsalltag sowie in Arbeitssituationen auch wirklich angewendet wird. Forschungen und Untersuchungen zeigen folgendes klar: Ob Gelerntes in der Realität zur Anwendung kommt steht in einem nachweisbaren Zusammenhang damit, wie das Gelernte erworben wurde.

Theorie im Teilnehmer-Praxisumfeld vermitteln

Diese Voraussetzung ist äusserst wichtig und hängt auch stark mit einem klaren Lernziel und einer sorgfältig selektierten Teilnehmerschaft zusammen. Zahlreiche Forschungen und Untersuchungen beweisen, dass eine arbeitsplatz- und realitätsnahe Wissensvermittlung den Lerntransfer stark beeinflusst. Wird also ein Seminar zur Kommunikation organisiert und sind die Branche, das Produkt, die Kundensituationen, Fallbeispiele und Aufgabenstellungen aus der eigenen Betriebspraxis enthalten, fällt vermitteltes Wissen auf viel fruchtbareren Boden. Die thematisch präzise Wahl eines Seminars, die Vorbereitung mit solchen Beispielen, die Selektion des Dozenten und aktuelle Fragestellungen aus den Tätigkeitsbereichen der Teilnehmer sind konkrete Möglichkeiten, dies sicherzustellen.

Lernende mit kreativen Eigenerarbeitungen aktivieren

Passiv konsumiertes Wissen ist nicht dazu angetan, Veränderungen zu bewirken. Wird ein Stoff aber selbst erarbeitet, werden eigene Beispiele entwickelt oder Situationen kreiert, beeinflusst dies den Erfolg nachhaltig. Ein dafür sehr geeignetes Mittel ist die Kleingruppenarbeit, in der Inhalte selbst erarbeitet und mit realitätsnahen Aufgaben verknüpft werden.

Gelerntes in Gruppe austauschen und diskutieren lassen

Das Berichten eigener Erfahrungen oder Lösungsvorschläge, das In-Fragestellen bisheriger Praktiken, Entscheidungsfindungen für aktuelle Probleme, der Austausch von Erfahrungen, das Diskutieren neuer Ansätze – dies sind konkrete Möglichkeiten, Gelerntes und Wissen in der Gruppe aktiv zu verarbeiten. Man bezeichnet diese Formen des Lernens auch als kooperative Lernmethoden.

Kleingruppenarbeiten als bewährte Methode

Es sind insbesondere Kleingruppen, die diesen aktiven Wissensaustausch möglich machen. Dabei ist die Art der Aufgabenstellung wichtig, damit möglichst verschiedenartige Erkenntnisse auch wirklich aktiv erarbeitet werden können und Neuigkeitswert haben. Die ideale Gruppengrösse liegt bei ungefähr fünf Teilnehmern. Unterschiedliche Aufgabenstellungen und eine gute Beobachtung, regelmässiges Coachen der Gruppen und eine anschliessende Präsentation durch ein Gruppenmitglied sind empfehlenswert.

Besonders wichtig ist bei Kleingruppenarbeiten, dass die Aufgabe nur durch eine koordinierte Zusammenarbeit aller Teilnehmenden sinnvoll gelöst werden kann. Das trifft zum Beispiel zu, wenn die Teilnehmenden über unterschiedliches Wissen verfügen, das zur Erfüllung der Aufgabe integriert werden muss. Dies verhindert, dass nur einige an der Aufgabe beteiligt sind. Gruppen sind Einzelpersonen bei der Bearbeitung von Lernaufgaben überlegen, wenn es darum geht, Ideen zu sammeln, unterschiedliche Aspekte eines Themas aufzugreifen, mehrere Lösungswege und -möglichkeiten für ein Problem zu finden sowie Thesen und Vorschläge miteinander zu vergleichen.

Fallbeispiel: Erfolgskontrolle mit Transferprogramm

Ausgangslage

Die Santora AG betreibt eine aktive Personalentwicklung. Allerdings mangelt es an der konsequenten und nachhaltigen Umsetzung im Betriebsalltag, was beim Kader zu Motivationsproblemen führt.

Massnahmen

Durch verschiedene Analysen und Gespräche kommt man zum Schluss, die Erfolgskontrolle von Weiterbildungsaktivitäten mit einem umfassenden Transferprogramm zu kombinieren.

Erfolgskontrolle mit massgeschneidertem Transferprogramm

Die Erfolgskontrolle wird durch ein umfassendes Transferprogramm sichergestellt, für welches die jeweiligen Vorgesetzten verantwortlich sind. Das aus sechs Massnahmen bestehende Paket umfasst – hier am Beispiel eines Powerpoint-Lehrganges demonstriert –folgende Schritte:

1. Während zwei Monaten werden insgesamt vier kunden- und betriebsrelevante Powerpoint-Präsentationen erarbeitet, die dann effektiv zum Einsatz kommen und beurteilt werden.

2. In wöchentlichen Kurzpräsentationen werden die Powerpoint-Arbeiten in Workshops demonstriert, die von einem IT-Zuständigen und vom Marketingleiter moderiert werden.

3. Einmal pro Woche ist ein IT-Zuständiger im Rahmen eines Trainings-on-the-Job voll verfügbar und anwesend, wenn es um die Erstellung von Powerpoint-Präsentationen geht.

4. Eine Folgeveranstaltung mit dem Powerpoint-Lehrgangs-Anbieter vertieft die Kenntnisse und beantwortet Fragen aus der Praxis.

5. Die Präsentations-Arbeiten werden im Intranet publiziert und eine der Arbeiten dann von allen Mitarbeitenden im Rahmen eines Wettbewerbs zur "Präsentation des Jahres" auserkoren - mit dem Hauptgewinn eines Städtefluges nach Rom im Wert von CHF/Euro 600.-

6. Der Jahresbericht der Geschäftsleitung wird dann in einem Workshop mittels Powerpoint mit fiktiven Daten erstellt und dieser dann als Abschlussarbeit symbolisch "überreicht".

Resultat

Mit diesen auf mehreren Ebenen und zur Umsetzung motivierenden Massnahmen mit viel aktiver Unterstützungsarbeit gelingt es, die Umsetzung in die Betriebspraxis zu systematisieren, Erfolgserlebnisse zu schaffen und somit generell die Motivation für PE-Massnahmen zu stärken.

Motivationsschulung für Führungskräfte

Die nachfolgende Übersicht gibt Ihnen Anregungen für Trainingsmassnahmen und Schulungsaktivitäten für Führungskräfte, die im Motivationsbereich besonders sinnvoll und nutzenstiftend sind. Dabei kann es sich um unterschiedliche Lernformen und Massnahmen handeln wie:

- Fachseminare und Workshops
- Fachliteratur und Zeitschriften
- Interne oder externe Referate und Veranstaltungen
- Einladung von Coaches und Supervisors
- Erfahrungsaustausch-Gruppen und Themen-Meetings
- Autodidaktische Internet-Recherchen und Fachforen-Beitritte

---

Merkpunkt für die Praxis

Seien Sie sich der Grenzen der Lernbarkeit von motivierender Mitarbeiterführung bewusst. Die zentral wichtigen Faktoren wie das Menschenbild, die positive Grundhaltung, die Kommunikationsfähigkeiten oder die Gabe, mit Begeisterung "den Funken zum Sprühen zu bringen", sind nicht oder nur bedingt lernbar und Bestandteil eines Persönlichkeitsprofils.

Mitarbeiterführung und Mitarbeiterkommunikation

Das Seminarangebot und das Angebot an Fachliteratur ist riesig mit dem Vorteil, sehr viele spezialisierte Themenbereiche zur Auswahl zu haben, wie z.B. Delegation, Kommunikation, Teamentwicklung, Krisenverhalten, Umgang mit schwierigen Mitarbeitern. Die Suche in Datenbanken im Internet führt schnell zu gewünschten Resultaten und Anbietern.

Erhöhung der Sozialkompetenzen

Erst die adäquate Wahrnehmung von eigenen Fähigkeiten und Defiziten ermöglicht den Aufbau und Einsatz kompetenter Verhaltensmuster, sogenannter Skills in sozialen Situationen. Beispiele für Sozialkompetenz: die Fähigkeit, Nein zu sagen, Forderungen zu stellen, Kontakte zu knüpfen, schwierige Gespräche zu beginnen und zu beenden, positive oder negative Gefühle offen zu äussern.

Führungs- und Arbeitspsychologie

Als Führungskraft ist man Steuermann, Regisseur, Manager, Tonangeber, Strukturierungshilfe, Ideen- und Impulsgeber, Moderator, Zuhörer, Gesprächspartner, Streitschlichter und Vertrauensperson. Im Führungsalltag erwarten Sie immer wieder schwierige Situationen im Umgang mit Passivität und fehlender Motivation, bei Reibereien und Meinungsverschiedenheiten der Mitarbeiter, bei Leistungsdefiziten und Problemverhalten.

Kontinuität und Praxistransfer

Gerade bei Kaderschulungen zum Thema Motivation ist die Kontinuität ein wichtiger Aspekt, da Motivation eine Daueraufgabe ist, die auch von verschiedenen Seiten herangegangen werden sollte (Psychologie, Kommunikation, Führungsstile usw.) Dabei ist es wichtig, Bestandesaufnahmen zu machen, die Bedürfnisse abzuklären und Schulungen und Kurse auf die Unternehmenskultur auszurichten.

Ebenso wichtig ist der Transfer in die Praxis, wie das vorangegangene Fallbeispiel demonstriert. Einige neue Erkenntnisse zum Thema Motivationspsychologie zu gewinnen und dann den Seminarordner zuschlagen, ist eine wenig sinnvolle Investition. Empfehlenswerter ist der konsequente Schulterschluss mit der Praxis.

Weiterbildungs-Themen für Führungskräfte zur Mitarbeitermotivation	sehr interessant	näher beurteilen	weniger geeignet
Buch-, Beratungs-, Referat- und Seminarthemen			
Grundlagen der Führungspsychologie			
Mitarbeiter richtig einschätzen und adäquat führen			
Emotionale Kompetenz im Führungsalltag			
Die eigene Führungspersönlichkeit reflektieren			
Persönliche und formale Führungsmittel			
Zielvereinbarung und Delegation			
Kritische Führungssituationen u. schwierige Mitarbeiter			
Mitarbeiterkommunikation und Feedbackoptimierung			
Konflikte erkennen, lösen und vermeiden			
Motivationsrelevante Sozialkompetenzen			
Genereller Überblick über die Arbeitspsychologie			
Erfolgreiche Teamentwicklung und Teamführung			
Talente erkennen, fördern und nutzen			
Fachinformations-Dokumentation in der HR-Abteilung			
Interne Aktivitäten und Veranstaltungen			
ERFA-Gruppe für Kaderleute einrichten			
Tages-Retraite: Wie arbeiten wir besser zusammen?			
Einladung eines Coaches oder Supervisors			
Themenreihe für Meetings zur Motivation			
Fachzeitschriften-Abos zur Zirkulation			

Grundsätze und Erkenntnisse der Motivationsforschung

Diese Themen sind für eine eher theoretische Auseinandersetzung mit dem Thema Motivation geeignet und behandeln dann die gesamte Bandbreite von Motivationsfragen. Wichtig ist bei der Wahl solcher Angebote eine gewisse Ausrichtung auf die Bedürfnisse der Mitarbeiterführung und betriebliche Anforderungen sowie eine pragmatische Sichtweise, die gewisse Umsetzungen und praktische Schlussfolgerungen ermöglicht.

Mitarbeiter zur Selbstmotivation anspornen

Nebst Personalentwicklungsmassnahmen sollte Motivation an sich permanent ein Thema sein und Mitarbeiter dafür sensibilisiert werden. Dazu gehört auch, die Möglichkeiten der Selbstmotivation zu erkennen und Mitarbeiter dabei zu unterstützen.

Merkpunkt für die Praxis

Mitarbeiter zur Selbstmotivation anhalten und sie für die Thematik zu sensibilisieren, ist eine permanente Verpflichtung in der Personalentwicklung und Führungsarbeit. Einerseits sollte dabei eine gewisse Eigenverantwortung erreicht werden, dass Motivation von beiden Seiten Bemühungen erfordert und andererseits die Zusammenhänge der Wirksamkeit sichergestellt werden.

Die nachfolgenden Merkblätter können als eine konkrete Hilfe Mitarbeitern zum Verständnis, als Handlungsanleitung und zum Selbst-Check abgegeben werden.

Merkblatt zum Verständnis der Selbstmotivation

Die Grundlagen: Das Motivationsfundament muss stimmen

Viele Menschen und Mitarbeiter träumen ein Leben lang von Glück und beruflichem Erfolg und sind auch bereit, dafür hart zu arbeiten. Doch das Problem ist oft, dass sie sich den Erfolg innerlich gar nicht zutrauen oder infolge zu vieler Hürden gar nicht für möglich halten. Doch Disziplin und Willensstärke sind zu einem grossen Teil das Ergebnis erlernter Denk- und Gefühlsgewohnheiten. Und alles, was man erlernt hat, lässt sich auch umtrainieren. Nur wer von der richtigen Basis startet und ein starkes Fundament hat, auf dem Ziele und Leitbilder Halt haben, erreicht sein Ziel. Mit positivem Denken allein ist es allerdings nicht getan. Menschen brauchen genauso den Druck, die Anspannung und den positiven Stress, um erfolgreich zu sein.

Das konstruktive Selbstbild: Unser Selbstbild steuert unser Verhalten

Das permanente Bedürfnis unserem bewussten oder unbewussten Selbstbild zu entsprechen, bestimmt unser Verhalten. Wesentlich für ein konstruktives Selbstbild ist der Aufbau von Selbstvertrauen, der Glaube an seine Fähigkeiten und Stärken und die Zuversicht an die Zielerreichung. Wer sich vertrauen möchte, muss sich permanent bewusst sein und bewusst machen, warum er stolz auf sich und seine Leistungen sein kann. Führen Sie ein Erfolgstagebuch, feiern Sie Erfolge mit sich selbst und mit Teamkolleginnen und -kollegen und belohnen Sie sich dafür. Wichtig ist dabei auch, dass Misserfolge nicht als Scheitern oder Unfähigkeit betrachtet werden, sondern lediglich als Signale und Feedback, dass andere Wege oder eine andere Lösung gefunden werden sollten.

Die Vision ist der Schlüssel: Das Warum hinter Zielen

Erst das Erkennen des Sinnes hinter unseren Zielen und das Wissen, wofür unser Herz schlägt, gibt uns die Kraft und das Durchhaltevermögen, die Ergebnisse zu erzielen, die wir uns wünschen. Interessant ist dabei: 80% unserer Motivation entspringen unserer zentralen Lebensvision, nur 20 % dem eigentlichen Tun. Setzen Sie alles daran, Ihren Lebenstraum zu entwickeln und zu konkretisieren. Erst wenn Sie wissen, wofür Sie leben, was Sie in Ihrem tiefsten Inneren wirklich begeistert, erreichen Sie Ziele und besitzen eine nachhaltige und andauernde Motivation mit entsprechendem Einsatz. Dabei ist es wichtig, grosse und langfristige Ziele in Teilziele zu zerlegen, da deren Erreichbarkeit damit einfacher und motivierender wird.

Die richtigen Ziele setzen: Klare Ziele sichern Lebensqualität

Beruflich und privat zufriedene und erfüllte Menschen sind kein Zufallsprodukt, sondern das Ergebnis einer systematischen, schriftlichen Zielplanung in allen Lebensbereichen. Für die Wirksamkeit und Integration von Zielen gibt es eine sogenannte SMART-Regel, die wichtige Zielkriterien enthält. Es sind dies:

S = Spezifische Ziele sind messbare Vorgaben für Ihr Handeln

M =Mit Etappenschritten das Gesamtziel in Teilziele aufteilen

A = Auswirkungen auf andere Lebensbereiche berücksichtigen

R = Richtig formulierte Ziele sind positiv, aktiv und in der Ich-Form

T = Termingebunden: Ziele mit verpflichtenden Terminen

Was treibt mich an: die Analyse der individuellen Motivatoren

Was motiviert Sie wirklich? Welches sind Ihre Lebensgrundsätze, Ihre wichtigsten Anforderungen und Erwartungen an das Leben? Wer Besonderes leisten will, muss wissen, was ihn motiviert. Mit der Kenntnis der Hauptmotivatoren können Sie sich Ihr Umfeld so gestalten, dass Ihre persönlichen Hauptmotive möglichst oft angesprochen werden, wie z.B. *Herausforderung* (Wie stark werden Sie durch Schwierigkeiten oder Zweifel anderer motiviert?), *Kreativität* (Wie stark lassen Sie sich durch Erkennen und Entwickeln von Neuem motivieren?), *Anerkennung* (Wie wichtig ist Ihnen das Lob anderer?) oder *Sinnhaftigkeit der Aufgabe* (Wie wichtig ist Ihnen der Sinn hinter Ihrem Tun?).

Stimmungsmanagement: Sie sind für Ihre Stimmung verantwortlich

So, wie Sie Ihren Tagesablauf festlegen und Ihre Termine managen, so können Sie auch Ihre Stimmung selbst aktiv beeinflussen. Denn der Einzige, der für Ihre Stimmung verantwortlich ist, sind Sie selbst. Allein schon unsere Körperhaltung und Mimik, unser Gang und unsere Stimme verraten unsere Stimmung. Wer bedrückt und unglücklich ist, läuft auch meist mit gesenktem Kopf herum, spricht leise. Umgekehrt können Sie durch eine optimistische Körperhaltung Ihre Stimmung verbessern. Genauso wie unser Körper sind auch unser vorherrschendes Denken und die uns leitenden Gedanken ein Indikator unserer Stimmung.

Welche Gedanken dominieren Sie während des Tages: Warum muss das immer mir passieren? Oder fragen Sie sich auch bei weniger tollen Ereignissen: Welche Konsequenzen und Chancen ergeben sich daraus für mich, was kann ich daraus lernen? Dazu gehört auch unsere Wahrnehmung, die auf konstruktive Eindrücke und Ereignisse konzentriert und nicht auf Negatives gerichtet werden sollte.

Visualisierungstraining: Bilder sind die Sprache des Unterbewusstseins

Ein harmonisches Zusammenspiel von sprachlichem und bildhaftem Denken produziert menschliche Höchstleistungen. Spitzenleister können sich die Zukunft genauso klar vorstellen wie andere ihre Vergangenheit reproduzieren. Eine solche Mentaldisziplin beherrschen oft erfolgreiche Sportler, die ihren sportlichen Erfolg "voraussehen" und in Gedanken mehrmals durcherleben können. Beschäftigung mit mentalem Training ist daher kein Zeitvertrieb, sondern kann Sie auf Ihrem Weg zu dauerhafter Selbstmotivation weit nach vorne bringen.

Auf einen Blick: Strategien der Eigenmotivation

Motivation ist sowohl eine Aufgabe des Unternehmens wie auch des Mitarbeiters – also von Ihnen. Mit diesen einfachen und prägnanten Mitteln des Selbstmanagements möchten wir Ihnen nachfolgend eine konkrete Anleitung und Hilfe in die Hand geben.

Regel 1: Formuliere deine persönlichen und beruflichen Ziele

Dadurch verschaffst du dir einen Überblick über deine Wünsche und fokussierst Deine Kräfte und Energien. Ziele sind ein sinngebender und richtungsweisender "Lebenskompass". Du erlebst die Freiheit, deinen Handlungsrahmen selbst zu wählen. Du wirst dir bewusst, dass es in vielen Situationen Alternativen gibt und neue Entscheidungen getroffen werden können. Formuliere deine Ziele in folgenden Kategorien: *positiv, konkret, schriftlich* und *erreichbar.*

Regel 2: Vermeide Demotivation

Höre nicht auf die Stimmen und negativen Einstellungen anderer und deiner eigenen inneren Stimmen. Demotivierende Faktoren sind zum Beispiel Versagensangst, Unsicherheit oder Unbekanntes. Oft trifft dies nicht zu oder es betrifft gar nicht dich, sondern Neid, Missgunst und Frustrationen anderer.

Regel 3: Lerne deine Stärken kennen und nutzen

Jeder weiss aus eigener Erfahrung: Dinge, die man gerne tut, gelingen besser. Es ist also wichtig für dich zu wissen, was du besonders gerne machst. Womit verbringst du freiwillig freie Zeit? Das ist meist ein guter Indikator, um Vorlieben festzustellen. Willst du deine Stärken richtig einsetzen, musst du auch lernen, Aufgaben und Fähigkeiten möglichst gut miteinander zu verbinden. Wichtige Faktoren dabei sind: gute Erfolgsaussichten, eigene Einflussnahme, realistische Selbsteinschätzung und erlebbare Konsequenzen.

Regel 4: Suche die Herausforderung!

Probleme aber auch Misserfolge können fordern. Ohne besondere Anforderungen kannst du aber niemandem beweisen, dass Aussergewöhnliches in dir steckt. Suche dir also bewusst Herausforderungen (beruflich, persönlich, privat, in der Ausbildung), die dich an deine Grenzen führen. So begibst du dich in einen Bereich, in dem Entwicklung möglich ist. Das motiviert.

Noch kürzer und prägnanter: Motivation in fünf Minuten:

Siehe dir an, was du schon geleistet hast!Baue deine Stärken aus!
Nimm dir kleine Dinge vor und setze die sofort um!
Stecke dir Ziele und behalte diese fest im Auge!

Selbst-Check Eigenmotivation	trifft völlig zu	trifft teilweise zu	fehlt, handeln
Ich kenne meine Leitmotive und Glaubenssätze			
Ich habe sowohl berufliche als auch private Ziele			
Ich verfüge über eine positive und konstruktive Grundhaltung gegenüber Menschen und Arbeit			
Zu meiner beruflichen Laufbahn und Zukunft habe ich klare oder mindestens grobe Vorstellungen			
Ich stelle mich gerne Herausforderungen			
Rückschläge betrachte ich nicht als Versagen, sondern als Zeichen, es nochmals anders, besser zu versuchen			
Meine beruflichen, persönlichen und familiären Ziele und Lebenshaltungen stimmen grösstenteils überein			
Vor Veränderungen habe ich keine Angst			
Ich verstehe, dass Motivation von innen *und* von aussen kommen muss			
Ich lasse mich von anderen nicht negativ beeinflussen			
Ich kann mir Ziele bildhaft, anspornend, konkret und erstrebenswert vorstellen			
Ich verstehe, dass status- und geldbasierende Anreize keine wirklich echte oder alleinige Motivation sind			
Ich weiss, dass das, wofür mein Herz schlägt und ich mich begeistere, das Motivierendste ist			
Ich kenne meine Stärken, Fähigkeiten und Talente und kann sie bei meiner Arbeit einsetzen			
Ich kann mir ab und zu "auf die Schultern klopfen", innehalten und mich belohnen			
Ich weiss, was mich stört oder demotiviert und ändere dann meine Einstellung oder beseitige den Störfaktor			
In der Arbeit bringe ich auch meine Persönlichkeit ein			

Das Selbstvertrauen als wichtige Voraussetzung

Spricht man von Selbstmotivation und Motivierbarkeit von Mitarbeitern, muss man sich der Grundvoraussetzung des Selbstvertrauens und Selbstwertes von Mitarbeitern bewusst sein. Wiederum ist dies schon bei der Personalgewinnung ein wichtiges Beurteilungskriterium. Zudem wird das Selbstvertrauen schon im Elternhaus und später in der Schule gebildet und geformt.

Dennoch können Unternehmen und Führungskräfte entscheidende Beiträge leisten, um das Selbstvertrauen ihrer Mitarbeiter zu fördern und zu stärken. Letztlich ist es das Selbstvertrauen, welches Spitzenleistungen, Risiko- und Experimentierfreude und Mut zur Kritik – um nur einige wenige Beispiele zu nennen – ermöglicht. Selbstvertrauen findet an mehreren Orten des Unternehmens statt:

Merkpunkt für die Praxis

Es sind oft gerade die sensiblen und selbstkritischen Mitarbeiter, die zu hoher Identifikation bereit sind. Gelingt es, deren Selbstvertrauen zu fördern und zu stärken, sind es daher diese Mitarbeiter, die absolute Spitzenleistungen erbringen und mit hoher Motivation ungeahnte Potenziale entwickeln können.

Die Person des Mitarbeitenden

Selbstvertrauen ist wie schon erwähnt tief in der Persönlichkeit verankert. Veränderungsbereitschaft und Eigeninitiative ermöglichen aber eine Eigenstärkung des Selbstvertrauens. Partner in Beruf und Privatleben müssen hier mitarbeiten und das Unternehmen schon bei der Mitarbeitergewinnung dem Selbstvertrauen den notwendigen Stellenwert einräumen.

Führungskräfte und Führungspersönlichkeiten

Fähige Führungskräfte haben ein positives Menschenbild, fördern Mitarbeiter ganzheitlich und verstehen es, diese selbstvertrauensfördernd für Ziele zu begeistern – und zwar für persönliche und berufliche. Anerkennung und Lob kommt grosse Bedeutung zu.

Unternehmenskultur

Eine auf Respekt und Menschenbejahung basierende Unternehmenskultur bietet hervorragende Rahmenbedingungen zur Förderung und Stärkung des Selbstvertrauens.

Menschen ins Zentrum stellende Unternehmenskulturen (nicht nur in Leitbildern sondern in der gelebten Praxis),

▨ sind streng bei der Selektion ihrer Führungskräfte
▨ legen Wert auf Kommunikation und Mitarbeitergespräche
▨ pflegen ritualähnliche und symbolhafte Events
▨ praktizieren Karrieremodelle und Laufbahnberatung
▨ machen Motivation zur permanenten "Chefsache"
▨ bieten konsequent Entfaltungs- und Freiräume
▨ haben eine grosse Fehlertoleranz und Risikobereitschaft
▨ beziehen Mitarbeiter konsequent in Gestaltungsprozess ein

Fallbeispiel: Stärkung des Selbstvertrauens

Ausgangslage

Norbert M. ist ein sehr sensibler Mitarbeiter mit einem schwachen Selbstwertgefühl. Dies erkennt auch sein Vorgesetzter und möchte ihm zu mehr Selbstvertrauen verhelfen. Er beobachtet Herr Norbert M. während ein bis zwei Wochen besonders genau.

Massnahmen zur Stärkung des Selbstvertrauens

Der Vorgesetzte gibt dem Mitarbeiter die folgenden sechs Wochen vermehrt vor allem Aufgaben, die er besonders gut löst und die klare Erfolgserlebnisse haben, nämlich technischen Support für wichtige Grosskunden. Der Vorgesetzte gibt ihm Feedback und zeigt Kundenkorrespondenz, wo seine Hilfe und Kompetenz gelobt werden. Kundenkorrespondenz-Beispiele kommen an das Anschlagbrett und in der Hauszeitung informiert ein Interview über Norbert K. und seine Supporterfahrungen. In Meetings ermutigt er den Mitarbeiter, indem er Meinungen von ihm lobt und als besonders kompetent qualifiziert, was das Ansehen im Team verstärkt. Der Vorgesetzte führt mehrere Gespräche und gibt Norbert M. die Gelegenheit, in einer kleinen Projektgruppe sein exzellentes Wissen weiterzugeben.

Norbert M. gewinnt zusehends an Selbstvertrauen. Er ist stolz auf sein Talent, kann dies in der Gruppe zeigen und beweisen und erfährt vom Vorgesetzten immer wieder mit Fakten, wie wertvoll sein Wissen ist.

Die nachfolgende Übersicht zeigt die Systematik und diverse Ebenen, auf denen das Selbstvertrauen von Mitarbeitern gefördert und gestärkt werden kann.

Einflussmöglichkeiten zur Förderung des Selbstvertrauens

Nachfolgend zeigen die verschiedenen Ebenen konkrete Stossrichtungen und Möglichkeiten, fördernd und positiv auf das Selbstvertrauen von Mitabeitern einzuwirken.

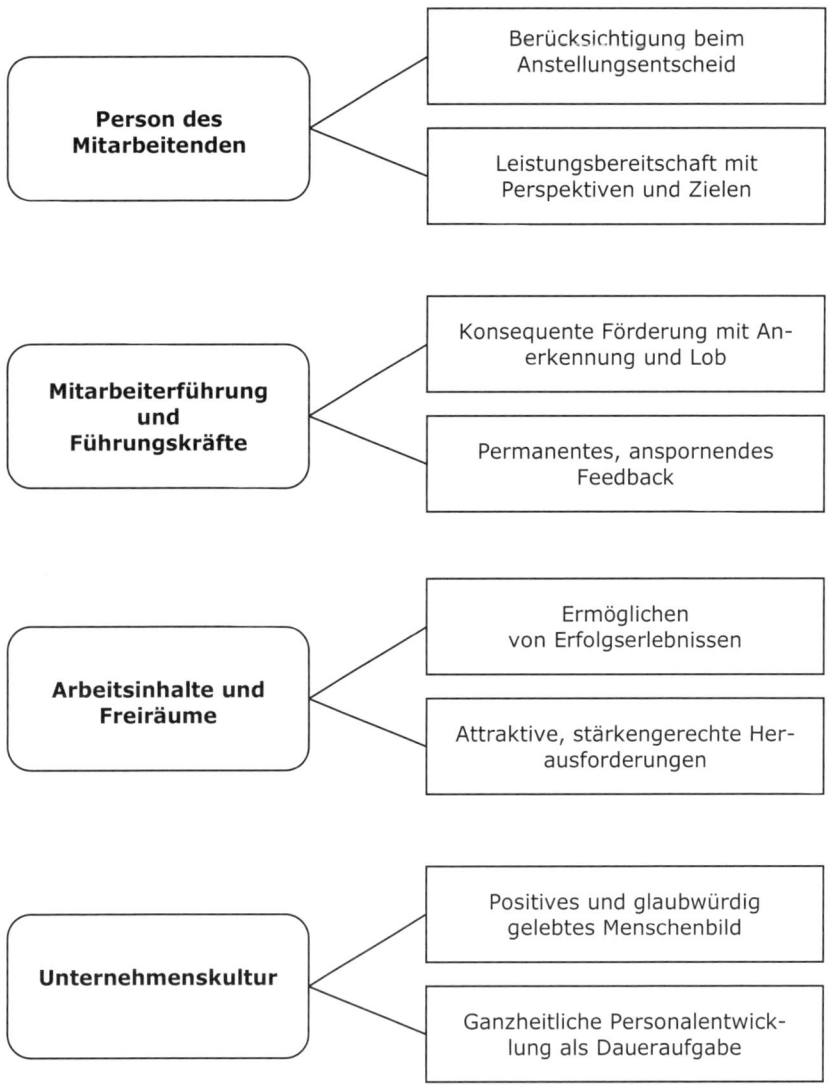

Motivierende Mitarbeiterführung

Das motivierende Führungsverhalten

Praxisrelevante und motivierende Führungsgrundsätze haben eine wichtige Leitfunktion für Auswahl und Beurteilung von Führungskräften einerseits und sind andererseits ein zentrales Element einer mitarbeiterzentrierten Unternehmenskultur. Führungsgrundsätze und Führungsphilosophien füllen ganze Bücher und Bibliotheken und sind von vielen Faktoren abhängig. Wir stellen nachfolgend diejenigen vor, die unseres Erachtens die einflussreichsten und praxisrelevantesten sind und im Führungsalltag auch konkret umgesetzt und praktiziert werden können.

Die Kunst der Motivation beherrschende Führungskräfte sind in der Regel jene, die mit Vertrauen auf erfahrene Mitarbeiter setzen und Verantwortung abgeben können. Auch Fairness wird hochgehalten, etwa wenn sie bereit sind, weniger leistungsfähigen Mitarbeitern unter die Arme zu greifen. Die Aufgaben und Ziele des Unternehmens werden als Herausforderung betrachtet und auch persönliche Grenzen werden akzeptiert – bei ihren Mitarbeitern und bei sich selbst. Erfolgreich motivierende Vorgesetzte richten ihr unternehmerisches Handeln auch an ethischen Prinzipien aus; sie setzen sich dafür ein, dass ihr Unternehmen auch gesellschaftliche Verantwortung übernimmt und ethische Werte glaubwürdig vertritt.

Des Weiteren zeichnen sich Führungskräfte, die motiviert sind und motivieren können, oft durch folgende Merkmale aus:

- Sie sind begeisterungsfähig und setzen weniger auf Zahlenziele
- Sie sind hervorragende Kommunikatoren, die Ziele und Visionen anspornend und klar rüberbringen können
- Sie lassen Raum für die Entwicklung der Mitarbeiter und sind keine Machtmenschen, die primär Autorität einsetzen.
- Sie lassen sich von neuen Ideen inspirieren und setzen weniger auf internen Wettbewerb und übermässige Kontrolle
- Sie fördern die Mitarbeiter-Qualifikation aus einem menschenzentrierten Interesse und Respekt heraus und sehen in Fehlern die Chancen und nicht primär das Versagen
- Sie sind mutig, stehen auch gegen oben hinter ihren Mitarbeitern, gehen neue Wege und nehmen auch Risiken auf sich
- Sie gestalten das Arbeitsumfeld ansprechend, lassen Individualität zu und respektieren unterschiedliche Wertvorstellungen.

Führung ist die Realisierung von Visionen und Zielen

Die anschaulichste Definition vom Wert der Visionen lieferte wohl Saint-Exupéry *"Wer ein Schiff bauen will, sollte seinen Leuten nicht Hammer und Nägel geben, sondern in ihnen die Sehnsucht nach dem weiten, endlosen Meer wecken"*. Das Vermitteln von Visionen, die über das Bankkonto hinausgehen und das Aufzeigen von Perspektiven, die mehr bedeuten als nur die nächste Stufe der Karriereleiter sind ganz entscheidend für das Verständnis der Motivation. Mitarbeitende, die Führungsaufgaben haben, ganz gleich auf welcher Ebene, sind im Idealfall Verfechter der Unternehmensvision mit einer überdurchschnittlichen Bereitschaft zu Engagement und Leistung. Sie verstehen es, Ziele und Visionen Wirklichkeit werden zu lassen.

Teamarbeit und Kooperation

Erfolgreiche Führungskräfte zeichnen sich oft dadurch aus, dass ihre Mitarbeiter in einem klar definierten Rahmen arbeiten und sie die Möglichkeiten und die Unterstützung erhalten, die sie zum Erfolg benötigen. Diese Führungskräfte stehen den Mitarbeitern mehr beratend als kontrollierend zur Seite. Sie erkennen Leistungen des Teams und des Einzelnen an und beseitigen Hindernisse, die hierbei im Wege stehen könnten.

Kommunikation als Schlüssel zum Motivationserfolg

Vorstellungen und Ziele müssen deutlich gemacht werden und überzeugend und differenziert kommuniziert werden. Über Fortschritte und Ergebnisse sowie über Erfolg und Misserfolg muss systematisch und transparent informiert werden. Mangel an Kommunikation ist ein Mangel an Führungsfähigkeit. Wirksame Kommunikation ist immer ein Schlüssel zum Erfolg.

Verantwortung und Zielerreichung

Jeder Mitarbeiter hat in einem modernen und mitarbeiterorientiert geführten Unternehmen Anspruch auf einen klar festgelegten Aufgabenbereich, innerhalb dessen er eigenverantwortlich entscheidet und handelt. Delegierte Aufgaben und Befugnisse müssen dabei aufeinander abgestimmt sein, um eigenverantwortliches Handeln zu ermöglichen. Weitergabe von Verantwortung macht Erfolgskontrolle durch die Vorgesetzten nötig, was sich in konstruktiver, sachlicher Kritik und motivierender und partnerschaftlicher Zielformulierung äussern muss.

Einsatz und Förderung der Mitarbeiter

Arbeitsplätze sind so zu besetzen, dass die ausgewählten Mitarbeiter für die jeweiligen Aufgaben fachlich und persönlich geeignet und optimal qualifiziert sind. Die Einarbeitung neuer Mitarbeiter muss sorgfältig erfolgen, und die Fähigkeiten jedes einzelnen sollen gezielt gefördert werden. Eine gute Integration aller Mitarbeiter ist dabei von grosser Bedeutung und eine Aufgabe, die Linienvorgesetzte und die Personalabteilung gemeinsam erfüllen müssen. Jeder Vorgesetzte hat – wiederum in Zusammenarbeit mit der Personalabteilung – durch interne oder externe Weiterbildungsmassnahmen für die fachliche und persönliche Entwicklung seiner Mitarbeiter zu sorgen, um diese systematisch an schwierige Aufgaben heranzuführen.

Merkpunkt für die Praxis

Eine das Selbstvertrauen bezüglich Leistung und Persönlichkeit stärkende Betreuung mit regelmässigem anerkennendem Feedback und anspornenden mit der Möglichkeit von Erfolgserlebnissen verbundenen Teilzielen ist für eine gute und nachhaltige Motivation von grösster Bedeutung.

Offenheit in der Beurteilung

Es sollte stets ein erklärtes Ziel des Unternehmens und seiner Führungskräfte sein, Mitarbeiter gezielt zu fördern. Fördern bedeutet, positive Anlagen, persönliche Präferenzen und individuelle Stärken von Mitarbeitenden zu erkennen und im Sinne des Unternehmens und in Übereinstimmung mit dessen Zielen und Erfordernissen zur Entfaltung zu bringen. Mitarbeitergespräche über Leistung und über konkrete Ziele in der weiteren beruflichen Entwicklung sollten daher mehrmals jährlich erfolgen. Das Gespräch soll zur Weiterbildung motivieren und kann gleichzeitig Grundlage für eine faire Entlohnung und Qualifikation sein.

Die Identifikation mit dem Unternehmen

Die mitarbeiterzentrierte Unternehmenskultur als gemeinsam geteilte und gelebte Werte und Einstellungen erzeugt ein wichtiges Zugehörigkeitsgefühl der Mitarbeiter zum Unternehmen, seiner Mission und seinen Menschen. Die Identifikation mit dem Unternehmen und damit mit seiner Rolle in der Gesellschaft, seinem Ruf, seiner Leistungserbringung, dem Status der Branche und mehr ist nicht zu unterschätzen. Diese Identifikation wird sehr stark durch die Übereinstimmung der persönlichen Werte mit den Unternehmenswerten geprägt. Je grösser die Unterschiede sind, desto tiefer ist die Identifikation. So ist eine gute Identifikation zum Beispiel dann gegeben, wenn ein technologie-begeisterter Mitarbeiter Wert auf einen hohen Branchenstatus legt, sehr innovativ ist und permanente Veränderungen als Herausforderung betrachtet und zum Beispiel in der Mobilfunkbranche arbeitet.

Deshalb sollte diesem Aspekt bereits bei der Auswahl von Mitarbeitern im Hinblick auf die Werteübereinstimmung entsprechende Beachtung geschenkt werden

Zielvereinbarung und Mitarbeiterbeurteilung

Zielvereinbarungen und Zielvereinbarungsgespräche sind ein modernes und wichtiges Führungs- und Beurteilungsinstrument. Die Zielvereinba-rung orientiert sich an quantitativ und qualitativ vereinbarten Zielen, während die merkmalsorientierte Vorgehensweise bestimmte Leis-tungs- und Verhaltenskriterien heranzieht.

Die Zielvereinbarung bezieht Mitarbeitende aktiv in das Unternehmens-geschehen ein und beteiligt sie direkt am Zielfindungsprozess. Der Mitarbeiter bekommt so Frei- und Gestaltungsräume, um die Ziele des Unternehmens mit umzusetzen, was eine starke Motivationswirkung und Identifikation mit dem Unternehmen zur Folge hat.

Führung ist die Kunst der Motivation

Wenn unzufriedene Mitarbeiter kündigen, wollen sie nicht unbedingt das Unternehmen verlassen, sondern in erster Linie ihren direkten Vorgesetzten, ist das Resultat einer vom Gallup-Institut durchgeführten Studie. Dies zeigt, wie gross der Einfluss der Führungsarbeit auf die Mitarbeitermotivation ist.

Mitarbeitende zu Leistung, Zielerreichung und Begeisterung für die Arbeit zu motivieren, ist eine der wichtigsten Führungsaufgaben. Mitar-beitende, die mit innerer Überzeugung, emotionalem Engagement, einer Portion Begeisterungsvermögen ihre Leistung erbringen, führen diese in besserer Qualität, mit mehr Kreativität, in höherem Tempo und mit weniger Kontrollbedarf aus.

Hauptvoraussetzung sind dabei ein positives und auf Respekt und Ach-tung basierendes Menschenbild sowie eine überdurchschnittliche Kom-munikations- und Sozialkompetenz. Erfolgreiche Führungskräfte ver-stehen es besonders gut, Mitarbeitende unter Respektierung ihrer Per-sönlichkeit für ihre Leistung stets ehrlich und überzeugend zu loben und anzuerkennen. Es sind mehrere Führungsqualifikationen erforder-lich, um Mitarbeiter verantwortungsvoll und motivierend zu führen: überzeugende Fachkompetenz, ausgereifte Sozialkompetenz und Vor-bildwirkung gepaart mit Überzeugungskraft.

Den nachfolgenden Merkpunkt können Sie übrigens auch als Zusammenfassung dieses Kapitels betrachten – wenn Sie sich davon eine Aussage zum Thema Führung und Motivation merken sollten, ist es wohl diese, welche die wesentlichen Aspekte auf einen Nenner bringt:

Merkpunkt für die Praxis

Eine zur Motivation wirklich fähige Führungskraft greift nicht zur "Motivations-Trickkiste" mit Anreizen, Stimuli, Boni und dergleichen. Sie forscht nach den Grundwerten des Mitarbeiters, ist an seinen Stärken und Talenten interessiert und respektiert dessen Persönlichkeit und besondere Fähigkeiten. Darauf aufbauend gestaltet sie die Arbeit so, dass sich mit spannenden Herausforderungen, gemeinsam vereinbarten Zielen und sich an Stärken orientierenden Aufgaben Mitarbeiter in ihrer ganzen Persönlichkeit weiterentwickeln können – in ihrem eigenen Interesse, dem der Führungskraft und demjenigen des Unternehmens.

Eruieren von Motivationsproblemen

Sind Motivationsprobleme vorhanden, entstehen Spannungen und Konflikte, so ist es wichtig, diese schnell und offen anzugehen. Dabei ist zu beachten, dass nicht nur Aktivitäten und Massnahmen, sondern auch die Suche nach möglichen Demotivatoren notwendig ist. Ferner kann es sich um problematische Mitglieder eines Teams, Fehler der Teamleitung oder sachbezogene Störungen handeln, wie fehlendes Verständnis für den Sinn eines Zieles oder das Fehlen von Erfolgserlebnissen.

Die nachfolgende Übersicht hilft, Alarmsignale von Demotivationen und Unzufriedenheit zu erkennen und die dann folgende mögliche Gründe für Motivationsprobleme in Teams aufzuspüren.

Alarmsignale von Demotivation und/oder innerer Kündigung	keine Zeichen	teilweise vorhanden	oft zu beobachten
Dienst nach Vorschrift und Pflichtenheft			
Ein Minimum an Überstunden oder gar keine			
Abgrenzung gegenüber Team und Arbeitskollegen			
Plötzliche Passivität und Interesselosigkeit			
Schlagartige Produktivitätssenkung			
Keine Vorschläge und Kritik mehr			
Abschätzige und ironische Äusserungen			
Nachlassende Kommunikation			
Nachlassende Hilfsbereitschaft			
Fernbleiben von betrieblichen Anlässen			
Anstieg von Absenzen			
Häufigeres Zuspätkommen			
Generell negative(re) Verhaltensweisen			
Keine Teilnahme mehr an Meetings			
Ausdehnung der Mittagspausen			
Zunehmend negative Äusserungen über Arbeitgeber			
Passivität gegenüber Kunden- und Lieferantenanliegen			
Positive Persönlichkeitsmerkmale treten in den Hintergrund			
Verkrampftes und freudloses Verhalten bei Arbeit und Team			

Katalog möglicher Motivationsprobleme in Teams	prüfen, ist möglich	nicht auszuschliessen	unwahrscheinlich
Das gesamte Team offen auf das Problem ansprechen			
Persönliches Gespräch mit einzelnem "Problem"-Teammitglied			
Vertraute Person als neutralen Beobachter hinzuziehen			
Prüfen, ob Informations- oder Kommunikationsprobleme			
Ist das Problem eher in der Sache oder in Personen zu sehen			
Überprüfung Einstellungen/Charaktere von Teammitgliedern			
Bestehen Probleme der Zusammenarbeit			
Wird das Team zu stark von einer Person dominiert?			
Ist das Ziel unklar - glaubt man nicht an dessen Erreichung			
Können sich gewisse Personen nicht genug einbringen			
Es herrscht Konkurrenzdenken und Missgunst vor			
Entscheidungen werden nicht gemeinsam getroffen			
Es bestehen Probleme/Konflikte ausserhalb des Teams			
Es hat sich ein Zweiklassen-Team mit Privilegien gebildet			
Es herrscht zu wenig Offenheit und Kritikmöglichkeit			
Es fehlt an Anerkennung und Feedback zum Fortschritt			
Es mangelt an Spass und dem Wir-Gefühl im Team			
Es mangelt an Disziplin und Ernsthaftigkeit			
Das Team wird belächelt und hat Statusprobleme			
Destruktive und negative Personen wirken als Miesmacher			

Voraussetzungen für motivierende Führung

Ausgerechnet die wertvollsten Persönlichkeitseigenschaften, worauf ein leistungsfähiges Unternehmen zum Erhalt und Ausbau seiner Kernkompetenzen am meisten angewiesen ist, nämlich Initiative, Motivation und eine gesunde Portion Selbstvertrauen, wird von vielen Führungspersönlichkeiten und Unternehmenskulturen missachtet.

Die wichtigste Voraussetzung, die eine Führungspersönlichkeit mitbringen muss, damit sie eine Motivationsleistung erbringen und die Vorbildfunktion wahrnehmen kann, ist emotionale Kompetenz. Den Goodwill von Mitarbeitern kann man nur erreichen, wenn man als Führungskraft selbst emotional gefestigt ist. Nur wenn ein Vorgesetzter in seinen Mitarbeitern fähige, leistungswillige Menschen sieht – also über ein auf Respekt basierendes Menschenbild verfügt – und dementsprechend behandelt, kann er diese ebenso achten und fördern. Ein emotional unausgeglichener und zu menschenbejahender Kommunikation unfähiger Vorgesetzter stösst dagegen seine Mitarbeiter ab und büsst an jeglicher Vorbildfunktion ein. Erfolgreich zu sein, setzt aber den vollen Einsatz aller Kräfte voraus, d. h. Erfolg kann eine Führungskraft nur haben, wenn sie positive Emotionen vorlebt und einsetzt. Auch die emotionale Kompetenz kann geschult werden. Emotionales Wachstum erreicht man einerseits durch den Abbau von emotionalen Unzulänglichkeiten, wie z.B. Ungeduld, Misstrauen oder Überheblichkeit. Und auf der anderen Seite müssen positive emotionale Eigenschaften ausgebaut und gepflegt werden. Eine mit Intelligenz gepaarte motivierende Emotionalität verfügt über Eigenschaften wie

- Selbstreflexion
- Loyalität und Vertrauen
- Toleranz und Ehrlichkeit
- Selbstbeherrschung / Selbstkontrolle
- Einfühlungsvermögen
- Konflikt- und Veränderungsbereitschaft
- Kommunikationsfähigkeit

Daniel Golemann, Autor des viel beachteten Buches "Emotionale Intelligenz", macht klare Aussagen: *"Nicht nur unsere Rationalität, der sprichwörtlich "kühle Kopf", bürgt für beruflichen wie privaten Erfolg, mindestens ebenso wichtig sind die emotionalen Fähigkeiten. Ohne ein intaktes Gefühlsleben taugt der beste Intellekt nichts, denn beide Systeme, das emotionale und das rationale, stehen in beständiger, hochkomplexer Wechselwirkung, deren Erforschung neue spannende Perspektiven für uns alle bietet".*

Wichtige Aspekte im Bereich der Sozialkompetenzen

Sozialkompetenz ist eine zentrale Qualifikation und Voraussetzung für Führungskräfte, die befähigt sind, Mitarbeiter zu motivieren. Eine sozial kompetente Führungskraft zeichnet sich gerade dadurch aus, dass sie fähig ist, Beziehungen zu Mitarbeitern aufzubauen, sie wertzuschätzen und ihr Potenzial zu fördern. In Bezug auf die Motivation sind die wichtigsten Kriterien von Sozialkompetenz die folgenden:

Eine *ausgeglichene Persönlichkeit*
im Umgang mit anderen Menschen. Das heisst, dass eine Führungskraft ihre persönlichen Stärken und Schwächen kennen, sie akzeptieren und Stärken auch bewusst einsetzen sollte.

Glaubwürdigkeit
ist wichtig, damit das Verhalten als Vorgesetzter vom Mitarbeiter auch richtig eingeschätzt wird, damit es nicht zu zwischenmenschlichen Missverständnissen kommt und damit durch Verlässlichkeit eine Vertrauensbasis geschaffen werden kann.

Auch das *Vorbildverhalten*
einer Führungskraft ist wesentlich, da es authentisch wirkt und Mitarbeiter Führungskräfte unbewusst oft nach dem konkreten Verhalten beurteilen.

Verantwortungsbewusstsein
heisst in manchen Situationen auch, sich immer klar darüber zu sein, dass eine Führungskraft persönlich für das Wohl des Unternehmens aber auch des einzelnen Mitarbeiters einstehen muss.

Menschenkenntnis, Sensibilität, soziale Kompetenz
sind mehr als nur Schlagworte. Wer Menschen führt, muss sich mit ihrer Persönlichkeit beschäftigen. Eine moderne Führungskraft ist und kann kein Therapeut sein – aber ein Coach, der mit einer respektierenden Grundhaltung gegenüber Menschen die Ziele von Unternehmen und Mitarbeitern zu vereinbaren weiss.

Merkpunkt für die Praxis

Wenn Sie mit möglichst wenigen Massnahmen in kurzer Zeit möglichst viel bewirken möchten, konzentrieren Sie sich 1. auf das konkrete Aussprechen von Feedback und Anerkennung, 2. sinngebende und herausfordernde Tätigkeiten und Ziele und 3. auf eine Stärken und Talente des MA berücksichtigende Arbeit.

Coaching als Motivationsinstrument

Grundhaltung im Coaching

Für ein erfolgreiches Coaching ist die Grundhaltung einer Führungskraft von grosser Bedeutung. Dies gilt für nahezu alle in diesem Buch zur Sprache kommenden Massnahmen und Motivationsfaktoren. Sie muss sich ihres ethischen Verständnisses bewusst sein, da dies massgeblich die Qualität der Gespräche bestimmt.

Jeder Mensch hat aufgrund individueller Fähigkeiten seine ganz besondere Aufgabe. Ein Coach muss wissen, dass jeder Mensch mit konstruktiven Anlagen zur Welt kommt, die ihn befähigen zu wachsen und sich als Person zu verwirklichen. In der Art und dem Wesen des Menschen findet sich seine Aufgabe und damit sein Potenzial, seine Chancen.

In der Praxis bedeutet das: Der Coach weiss um die Entwicklungsmöglichkeiten jedes Menschen und respektiert diesen in seiner Eigenart. Dieses positive Menschenbild und ein ausgeprägtes Einfühlungsvermögen mit starken Motivationsfähigkeiten sind für einen Coach zentral und letztlich stärker zu gewichten als Ausbildungsaktivitäten.

Ein nach den Grundsätzen des Coachings führender Vorgesetzter darf keine Entscheidungen "abnehmen" oder ihm anvertraute Personen aus der Verantwortung für ihr Handeln entlassen. Es gibt Menschen, die sich einen Coach als eine Art Guru oder gar Therapeuten suchen. Dieser soll ihnen dann sagen, was richtig oder falsch, gut oder schlecht sei und wie sie sich verhalten sollen. Genau diese Erwartung ist aber verfehlt und ist nicht die Aufgabe eines Coaches.

Was zeichnet Coaching aus?

Coaching wird oft einfach und treffend als ein Prozess bezeichnet, bei dem die Führungskraft Mitarbeitenden hilft, zu lernen, wie diese Aufgaben und Probleme selbst lösen können. Es gibt einige griffige Merkmale des Coachings, die diese populäre Methode sehr exakt charakterisieren und definieren. Coaching

- zielt auf dauerhafte Verbesserung der Arbeitsresultate ab,
- ist "Fordern und Fördern" und nicht "Liebsein und Verwöhnen",
- ist Hilfe bei der Umsetzung einer Problemlösung, also im Kern Hilfe zur Selbsthilfe,
- will einen Prozess des Noch-Besser-Werden-Wollens auslösen.

Die Wir- und Teamhaltung

Eine zu sehr ichbezogene Haltung büsst stark an Motivationswirkung ein. Sie schliesst Mitarbeiter am Erfolg aus, degradiert sie zu Statisten und lässt sie am Erfolg somit nicht teilhaben, was für eine Führungskraft nahezu eine Todsünde ist. Das Besondere ist dabei nicht nur, dass jeder Einzelne den Erfolg mitgeniessen kann und darf, sondern dass der Teamzusammenhalt bewusst gestärkt und gelebt wird, was sich wiederum auf das Teamklima und das Leistungsniveau positiv auswirkt. Daher ist die Wir-Haltung, die die Führungskraft und das Team als Ganzes miteinbezieht, von entscheidender Bedeutung. Diese Wir-Haltung sollte dabei konsequent und überall kommuniziert werden, vom Bericht an die Geschäftsleitung, über einen Projektabschluss über Statements auf Meetings und bei Referaten bis zu Anerkennungen im Team in besonders ausgeprägtem Ausmasse.

Kritisches Hinterfragen zu Mitarbeiterbeziehungen

Bei gewissen Mitarbeitern kann bei gestörten Beziehungen ein Rückzugsverhalten einsetzen, wenn der Glaube an Fähigkeiten und Kompetenz fehlt. Dies verunmöglicht den Aufbau einer motivierenden Beziehung und Zusammenarbeit. Einige Prüffragen können hier vorbeugen helfen:

- Welche Mitarbeiter fallen mir spontan als kompetent ein?
- Zu welchen MA kann ich etwas zum Kompetenzprofil aussagen?
- Bei welchen zögere ich, welche fallen mir aufs erste nicht ein?
- Wem übertrage ich regelmässig zusätzliche/ neue Aufgaben?
- Bei wem tue ich dies nur manchmal, selten oder nie?
- Mit wem bin ich über die Weiterentwicklung seiner Kompetenzen im Gespräch, mit wem nicht?
- Gehe ich auf Querdenker zu oder weiche ich ihnen aus?

Das positive Menschenbild als wichtigste Grundlage

In diesem Buch sprechen wir an mehreren Stellen von der Glaubwürdigkeit der Kommunikation und getroffener Motivationsmassnahmen. Diese Grundhaltung ist von vielleicht grösster Bedeutung überhaupt, da nur sie diese Glaubwürdigkeit ermöglicht. Nur wer erkennt und sich auch so verhält, dass Menschen im Allgemeinen immer über besondere Fähigkeiten verfügen, ihre Persönlichkeit grundsätzlich entfalten und weiterentwickeln möchten und daran interessiert sind, für den Unternehmenserfolg ihren Beitrag zu leisten, ist auf Dauer eine wirklich motivierende Führungskraft.

Toleranz anderen Motivationsprofilen gegenüber

Besonders negative und Beziehungen vergiftende Auswirkungen hat gemäss Motivationsforscher Steven Reiss das fehlende Verständnis von Führungskräften für unterschiedliche Motivationsprofile anderer Mitarbeiter. Diese von ihm als "Self-hugging" bezeichnete Haltung beruht auf der automatischen Vorannahme, dass man seine Werte oft als die vernünftigsten betrachtet und diese daher auch für andere gelten. Konkret heisst dies, dass leistungsbewusste Führungskräfte verstehen müssen, dass diese Motive bei anderen Mitarbeitern nicht dermassen stark oder nur in schwacher Ausprägung vorhanden sind.

Förderung der persönlichen Beziehung

Mitarbeitende nur als Produktivkräfte zu sehen und zu behandeln, erzeugt Kälte und verhindert emotionales Engagement. Eine warme, und von Humor, Achtung und Wertschätzung geprägte Beziehung auf Vertrauensbasis als stärkstes Bindeglied trägt wesentlich zur Motivation bei.

Konsequente Persönlichkeitsförderung

Der Philosoph Karl Jaspers vertrat wohl völlig zu Recht die Meinung, dass Menschen das sind, was sie sind durch eine Sache oder Aufgabe, die sie ganz zu ihrer eigenen machen können. Ein zentraler Faktor ist nebst der konsequenten Anerkennung die Persönlichkeitsförderung. Ein Vorgesetzter, der seine Mitarbeiter fördert,

- zeigt Vertrauen in deren Fähigkeiten, fördert das Selbstvertrauen
- beweist das Interesse an einer langfristigen Zusammenarbeit
- zeigt, dass der Mitarbeiter nicht nur für das Unternehmen oder seinen Vorgesetzten, sondern ebenso für sich und seine persönliche Weiterentwicklung arbeitet.

Dabei ist wiederum auf individuelle Gegebenheiten zu achten wie Talente, Stärken, Wertvorstellungen und Lebensziele des Mitarbeitenden. Die nachfolgende Übersicht zeigt konkrete Möglichkeiten der Mitarbeiterförderung auf.

Möglichkeiten der Persönlichkeitsförderung	mache ich schon	einführen, ist gut	weniger geeignet
Projektteilnahme ermöglichen, die MA-Stärken erfordern			
Rollen in Teams, die besonders zur Persönlichkeit passen			
Konsequente Mitsprache bei Weiterbildungsmassnahmen			
Ziele so gestalten, dass sie Erfolgserlebnisse ermöglichen			
Oft und interessiert um Meinung und Kritik bitten			
Aufgaben geben, die intensiven Lernprozess ermöglichen			
Klare und messbare Teilverantwortungen übergeben			
Aufgaben zu individuellen Wertvorstellungen passend geben			
Ziele und Aufgaben, die kongruent sind mit privaten Dingen			
Bei Mitarbeiterbeurteilung Fähigkeiten und Talente schildern			
Konsequenzen aus guter Idee einen Monat später aufzeigen			
Besonders auf Kongruenz von Talenten und Aufgaben achten			
Art der Kommunikation nach Präferenzen wählen			
Anerkennung, dort aussprechen wo Stolz und Talent stark sind			
Feedbacks von Kunden mit Würdigung weiterleiten			
Verantwortung übergeben, die individuelle Stärken fördert			
Bei Aufgaben und Zielen auch Persönlichkeits-Nutzen nennen			
Art der Herausforderungen und Aufgabenfelder variieren			
Aufgaben mit viel Gestaltungsmöglichkeit und Einflussnahme			
Individuelle Laufbahnberatung mit langfristigen Perspektiven			

Demotivatoren: Sind die Motivationshemmnisse bekannt?

In Unternehmen wird oft danach gefragt, wie die Mitarbeiter besser motiviert werden können, was im Aussendienst zu einem Motivationsschub führe und welche Anlässe und Einrichtungen die Motivation insgesamt stärken könnten. Zu oft wird dabei ausser Acht gelassen, dass es bei der Führungsarbeit oft auch um das Beheben von Faktoren geht, die demotivieren, also die Demotivation. Die perfektesten und ausgeklügeltsten Zielvereinbarungssysteme sind wert- und wirkungslos, wenn sie von arroganten und zynischen Führungskräften realisiert werden. Typische Demotivatoren von Führungskräften können sein:

- Fehlende oder mangelnde Glaubwürdigkeit
- Manipulative, mangelhafte oder fehlende Information
- Persönliche Grundwerte egoistisch zur Maxime erheben
- Übertriebene Perfektion von allen erwarten und fordern
- Betonen und Zurschaustellung hierarchischer Privilegien

Dies sind nur einige Beispiele möglicher Demotivatoren. Die Art von Demotivatoren und ihre Wirkung sind von Persönlichkeiten, Sozialkompetenzen des Kaders, Unternehmenskulturen, Menschenbildern von Vorgesetzten und vielem mehr abhängig.

Die Fähigkeit zur Selbstkritik

Eine fähige Führungskraft mit überdurchschnittlichen Sozialkompetenzen ist in besonderer Weise zur Selbstkritik fähig. Sie hinterfragt ihr Verhalten permanent, reflektiert ihre Art und Weise der Kommunikation, die Motivationsauswirkungen des täglichen Verhaltens und die Bereitschaft, Fehler zu korrigieren oder sich für Fehlverhalten mit Courage zu entschuldigen.

Merkpunkt für die Praxis

Führungskräfte mit schwachen oder ungenügenden Sozialkompetenzen können nur deshalb sämtliche weiteren Motivationsbemühungen zunichtemachen und gar einer ganzen noch so menschenbejahenden Unternehmenskultur irreparablen Schaden zufügen.

Konkrete Fragen und Reflexionen zur Überprüfung des Führungsverhaltens im Führungsalltag zeigt die nachfolgende Übersicht.

Selbstkritische Fragen zur Überprüfung motivierender Führungsarbeit im Alltag	mache ich schon	häufiger machen	mache ich gar nicht
War mein Lob gestern wirklich anspornend und konkret?			
Habe ich mich bei dieser Kritik fair verhalten?			
Kenne ich die Stärken meiner Mitarbeiter, gehe ich darauf ein?			
Hätte ich diesen Fehler nicht konstruktiver kritisieren können?			
Wann habe ich das letzte Mal ein Talent wertgeschätzt?			
Weiss mein Team, was ich von ihm halte und wie ich es schätze?			
Gebe ich meinen Mitarbeitern den notwendigen Freiraum?			
Wissen sie und zeige ich ihnen, dass ich Vertrauen habe?			
Weiss ich von meinen MA wie man mich als Chef sieht?			
Kenne ich die individuellen Grundwerte meiner Mitarbeiter?			
Behandle ich alle Mitarbeiter des Teams gleich fair?			
Stehe ich für Fehler meiner Mitarbeiter immer und überall ein?			
Beziehe ich Talente und Stärken so oft wie möglich ein?			
Gebe und frage ich oft genug nach Feedback?			
Wie angstfrei und ungehemmt können meine MA Kritik üben?			
Fördere ich das Selbstvertrauen oft und klar genug?			
Pflege ich das Wir-Gefühl des Teams konsequent genug?			
Wann habe ich das letzte Mal im Team einen Erfolg gefeiert?			
Wann fragte ich das letzte Mal nach Gesundheit und Privatem?			
Wann hatte ich das letzte Mal eine offene Teamaussprache?			

Die 10 Regeln glaubwürdiger und wirksamer Anerkennung

Fähige und glaubwürdige Führungskräfte mit einem positiven und respektbasierenden Menschenbild verstehen es besonders gut, ehrliche, motivierende und respektierende Anerkennung auszusprechen. Doch ein "Schulterklopfen" zwischen Tür und Angel mit einem saloppen "Das haben Sie wieder mal gut gemacht" wird nicht unbedingt eine berauschende Wirkung zeigen. Es gilt, einige Regeln und Verhaltensarten zu berücksichtigen:

1. Anerkennungsgespräche immer persönlich führen

Delegieren Sie es nie an einen Mitarbeiter, nach dem Motto: "Sagen Sie dann Frau Meierhans, dass sie heute wirklich gute Arbeit geleistet hat." Echtes Lob muss persönlich erfolgen.

2. Sich Zeit nehmen und einen Ort wählen

Sprechen Sie Ihr Lob nicht zwischen Tür und Angel aus, sondern vereinbaren Sie einen Termin in Ihrem Büro oder gar in einem Café ausserhalb des Betriebes. Das hat zwei Vorteile: Sie messen dem Lob damit eine hohe Bedeutung bei und andere Mitarbeiter können nicht mithören: Neid und Missgunst schliesst man so aus.

3. Adäquat und angemessen loben

Nur alle Schaltjahre einmal zu loben, wenn ein Mitarbeiter eine absolut herausragende Top-Leistung gezeigt hat, wäre genauso falsch, wie ihm bei jeder Kleinigkeit auf die Schulter zu klopfen. Loben Sie, wenn ein Mitarbeiter mehr als die Leistung gezeigt hat, die von ihm erwartet wird und eine wertvolle, förderwürdige Fähigkeit bewiesen hat.

4. Spezifische und persönlichkeitsbezogene Anerkennung

Beziehen Sie Ihr Lob genau auf die Leistung, für die der Mitarbeiter es verdient hat und sprechen Sie konkrete Merkmale an wie Innovationsgabe, Termintreue, Überzeugungskraft oder Teamgeist. Bestätigen Sie ihn, indem Sie bestimmte Eigenschaften des Mitarbeiters für den Erfolg verantwortlich machen: hohe Qualitätsansprüche, Genauigkeit, Verantwortungsbewusstsein. Es ist legitim, dabei jene Qualifikationen besonders hervorzuheben, die für Ziele und Aufgaben auch künftig von Bedeutung sind und gefördert werden sollten.

5. Gesamtzusammenhang und betrieblicher Kontext

Machen Sie dem Mitarbeiter klar, dass seine Innovation auf die Ziele der Abteilung oder des Unternehmens einen wichtigen Einfluss haben,

wie Kosteneinsparungen oder ein exzellenter Kundenservice die Markt-
führerschaft stärkt und auszubauen erlaubt. Damit erkennt der Mitarbeiter, dass und welchen Teilbeitrag er zum gesamten Unternehmenserfolg leistet. Diese Gewissheit und Erkenntnis stärken das Selbstwert-
gefühl und den Stolz auf die erbrachte Leistung zusätzlich.

6. Aufrichtige und ehrliche Anerkennung

Anerkennung wahllos und nach dem Giesskannenprinzip auszuschüt-
ten, ist kontraproduktiv. Mitarbeiter haben ein sehr feines Sensorium
dafür, wie ehrlich und aufrichtig Lob gemeint ist. Je konkreter, sponta-
ner, emotionaler und respektzollender Lob ausgesprochen wird, desto
eher ist die Aufrichtigkeit zu erkennen.

7. Anerkennung nicht mit Kritik verbinden

Das Lob relativierende Kritik vernichtet die Wirkung des Lobes, da so
die Zuckerbrot-Peitsche-Absicht sofort erkannt wird und viel eher die
Kritik als das Lob als eigentlicher Anlass des Gespräches vermutet wird.
Also Negatives und Einschränkendes beiseitelassen und ohne "Schon
gut, aber..." Anerkennung aussprechen, die voll und nur als solche
gemeint ist.

8. Anerkennung nicht in Gegenwart Dritter aussprechen

Anerkennung sollte nur unter vier Augen ausgesprochen werden.
Schnell einmal können andere Mitarbeiter sich zurückgesetzt fühlen
oder die beglückten Kolleginnen und Kollegen als Streber und Karrieristen abtun. Eine Gruppe oder ein Team darf als Ganzes gelobt werden,
aber immer nur unter konsequentem Einbezug aller.

9. Nicht nur Spitzenleistungen und Stars loben

Sicher verdienen es Spitzenleistungen, herausragende Erfolge oder für
das Unternehmen besonders wertvolle Leistungen, entsprechend anerkannt und gelobt zu werden. Doch auch Lösungsansätze, Teilerfolge
und Detailfortschritte zu loben ist wichtig, da so das Selbstvertrauen
gestärkt und signalisiert wird, dass man von einem erfolgreichen und
guten Abschluss überzeugt ist.

10. Zielkonform und relevanzbezogen loben

Anerkennung sollte sich im Grossen und Ganzen konsequenterweise
auf vereinbarte Ziele für das Unternehmen und das Team relevante
Leistungen konzentrieren, was die Ziel- und Relevanzfokussierung
verstärkt.

Merkpunkt für die Praxis

Lob und Anerkennung organisiert und im Stile gewisser Ratgeber nach "Agenda-Eintrag" einmal täglich zu loben, beeinträchtigt die Glaubwürdigkeit und wird von Mitarbeitern schnell als unecht erkannt. Anerkennung muss daher aus einer respektbasierenden und aufrichtigen Grundhaltung heraus zuweilen eben auch absichtslos erfolgen.

Die Bedeutung der Wahlfreiheit

Freiheit und Selbstbestimmung gehören zu wichtigen Bedürfnissen und Erwartungen mündiger Menschen. Diktatorische, von oben einsam aufgezwungene Entscheide, die keine Optionen ermöglichen, stossen auf Widerstand und werden meistens völlig abgelehnt. Eine Führungskraft, die Wahlfreiheit zulässt und kommuniziert, vermittelt Freiheit, respektiert Bedürfnisse, praktiziert ein Mitspracherecht und beweist Vertrauen in das Urteilsvermögen des Mitarbeiters. Und: Wer selbst wählt, steht nach seiner Wahl auch dahinter und geht ein Commitment ein. Solche Wahlfreiheiten können in der Unternehmenspraxis sein:

- Entscheid der Mitarbeit für das Projekt X oder das Projekt Y
- Kompetenz, Zielprioritäten selbst festlegen zu können
- Befugnis, Massnahme A oder Massnahme B zu ergreifen
- Wahlfreiheit in Weiterbildungsmassnahme (Seminarthema)
- Termine für eine Präsentation selbst bestimmen
- Projektmitglieder selbst bestimmen können

Fallbeispiel: Anerkennung und Lob

Konkretes Lob und glaubwürdige Anerkennung

Herr Muster ist ein hervorragender Projektleiter – und dieses Feedback möchte sein Vorgesetzter nun einmal ganz klar und deutlich geben:

"Herr Muster, wir arbeiten nun über ein halbes Jahr zusammen. Ich habe Sie immer als qualifizierten und engagierten Mitarbeiter geschätzt, das gilt genauso für das vergangene Jahr. Die herausragendste Leistung ist Ihr Projekt XY, das Sie gestern professionell, schnell und mit grossem Engagement realisiert haben. Dabei haben Sie auch Führungsqualitäten bewiesen, da Sie alle Mitarbeiter für die Ziele begeistern konnten und in Kürze ein zupackendes "Winner-Team" zustande brachten. Das ist eine Spitzenleistung, auf die Sie in jeder Beziehung stolz sein können! Sie können sicher sein, dass dies beim nächsten Fördergespräch höchst positive Konsequenzen haben wird".

Lob und Anerkennung

Es gibt viele konkrete Möglichkeiten, Formen und Gelegenheiten, Lob und Anerkennung glaubwürdig und nachhaltig auszusprechen

	mache ich schon	einführen, ist gut	weniger geeignet
Anerkennung ausserhalb Büroräume, z.B. in Café			
Ein spontanes E-Mail mit Dank für besonderen Einsatz			
Namens- und Leistungswürdigung in Memo oder Bericht			
Würdigung einer Sonderleistung in Mitarbeiterzeitschrift			
Mitarbeiter anrufen, in Büro einladen und Blumen übergeben			
Der Lohnabrechnung einen Anerkennungs-Brief beilegen			
Post-it mit lobender Anerkennung ab PC oder Konzept			
Einladung zu Abendessen mit Lebenspartner			
Anerkennungs-Brief an die ganze Familie mit Kinokarten			
Bei Mitarbeiterbeurteilung Fähigkeiten und Talente schildern			
Konsequenzen aus guter Idee einen Monat später aufzeigen			
In Protokollen oder Traktanden auf Leistungspunkt eingehen			
Buch mit persönlicher Widmung und einem Danke-schön-Lob			
Wert des Beitrages schildern und an Aushang-Brett danken			
Feedbacks von Kunden mit Würdigung weiterleiten			
Im Büro besuchen: "Wie froh ich bin, Sie bei mir zu haben"			
Am Geburtstag/Jubiläum: Lob und symbolisches Geschenk			
Top-Leistung seines Teams an mehreren Orten würdigen			
Bei Zielerreichung symbolische "Siegerehrung" mit Geschenk			
Dankeschön an Team am Anschlagbrett für Projektabschluss			

Die Macht der Begeisterung

Begeisterung steckt an, spricht die Gefühle an, bewirkt zuversichtliche und anpackende Stimmung und zeugt von äusserster Glaubwürdigkeit. Diese Fähigkeit ist ein wesentlicher Bestandteil der Sozialkompetenzen und zeichnet im Allgemeinen auch Pioniere und Unternehmensgründer aus: Tief verwurzelte Leistungsmotivation beruht nicht auf rationalen und materiellen Motiven, sondern kommt aus innerer Überzeugung und Begeisterung des Erschafften, Erreichten und Bewirkten. Augustinus, ein Gelehrter, meinte zu Recht: *"Du kannst in anderen nur entzünden, was in dir selber brennt".*

Merkpunkt für die Praxis

Begeisterungsfähigkeit ist die wohl ehrlichste und wirksamste Form glaubwürdigen Engagements und der Identifikation mit Zielen und Aufgaben. Sie wird von Mitarbeitern wohl oft als "emotionales Commitment" verstanden, für Ziele einzustehen. Zudem wird dabei automatisch auch das Teamklima und das Wir-Gefühl entscheidend gestärkt und gefördert.

Miteinbezug in Entscheidungen

Ein wesentlicher Motivationsfaktor ist das Vertrauen in die Fähigkeiten von Mitarbeitern, das Unternehmen mitzugestalten. Wesentlich ist dabei, Mitarbeiter in Entscheidungen einzubeziehen. Was gemeinsam entschieden wird, steigert nicht nur die Motivation, sondern auch die Qualität der Leistungserbringung, bei der Mitarbeiter eher hinter dem stehen, was sie mit eigenen Ideen und Initiativen mitbeeinflussen. Daneben entsteht auch ein ausgeprägtes Teamklima, weil gemeinsame Herausforderungen das Teamklima wesentlich stärken. Miteinbezug in Entscheidungen kann man erreichen durch:

- Ideen und Vorschläge zum zu entscheidenden Thema
- Übernahme von Teilverantwortungen
- Organisation der zu erledigenden Aufgaben
- Anpassung der Ziele
- Prioritätensetzungen
- Nutzung speziellen Fachwissens und besonderer Talente

Gekonnte Delegation und Aufgabenzuteilung

Eine entscheidende motivierende Wirkung kann die gezielte Übertragung einer Aufgabe erreichen:

- wenn das Prinzip der Eignung beachtet wird, die Aufgabe den Mitarbeiter also weder unter- noch überfordert,
- mit der Aufgabe an individuelle Bedürfnisse/ Interessen angeknüpft wird,
- mit der Delegation der Aufgabe auch die Verantwortung für die Aufgabe delegiert wird,
- der notwendige Unterstützungsbedarf bereits im Zusammenhang mit der Delegation der Aufgabe geklärt wird,
- sofern erforderlich, die Möglichkeit zu Feedback-Gesprächen zum Verlauf der Arbeit eingeräumt wird; evtl. gebunden an vereinbarte Zwischenschritte.
- Talenterkennung und Talentförderung

Was man gut kann, tut man gerne und was man gerne tut, motiviert. So einfach – und bei diesem Beispiel deshalb nicht weniger zutreffend – kann Motivation auch betrachtet werden. Wo Mitarbeiter ihre Stärken und Talente entfalten und zeigen können, erbringen Sie überdurchschnittliche Leistungen, die anerkannt werden und Resultate sicht- und erlebbar machen. Es ist die Aufgabe von Führungskräften und Personalabteilungen, Talente zu erkennen und zu fördern und dann einen wesentlichen Beitrag zur Motivation von Mitarbeitern zu leisten, wenn auch Aufgaben und Tätigkeiten im Zentrum stehen, die die Talentnutzung gestatten.

Die Autoren Marcus Buckingham und Donald Clifton betonen in ihrem lesenswerten Buch "Entdecken Sie Ihre Stärken jetzt" die Bedeutung der Talentförderung. Sie vertreten die Meinung, dass der Hauptspielraum für das Wachstum jedes Menschen in seinen Stärken liegt. Somit sollte das Hauptaugenmerk auf die Förderung von Talenten und Schulung von Stärken gerichtet werden, so die Meinung der beiden Autoren. Gerade bei Stellenbesetzungen ist die Talenterkennung von herausragender Bedeutung.

Merkpunkt für die Praxis

Reinhard K. Sprenger, Autor mehrerer Bücher zum Thema Motivation, bringt die Bedeutung der Talenterkennung und –förderung wie folgt konzise auf den Punkt: *"Für das berufliche Lebensglück sind zwei Forderungen hilfreich. Die erste heisst: Lebe dein Talent. Und die zweite lautet: Gehe dahin, wo dein Talent auch gewollt ist".*

Talent-Leitmotive als Führungshilfe

Die Autoren Marcus Buckingham und Donald Clifton haben in ihrem oben genannten Buch auch Leitmotive herausgearbeitet, die bei der Mitarbeiterführung und Motivation eine grosse Hilfe darstellen, wenn es um optimale Stellenbesetzungen und die richtigen Aufgaben für die richtigen Mitarbeiter geht. Es sind dies

- *Der analytisch begabte Mitarbeiter,* der vor allem Aufgaben mit Zahlen und Fakten übernehmen sollte.
- *Der anpassungsfähige Mitarbeiter,* der bei kurzfristigen Aufgaben mit sofortigem Handlungsbedarf eingesetzt werden sollte.
- *Der "Arrangeur"-Mitarbeiter,* der ein Maximum an Verantwortung unter Nutzung seines Wissens und Könnens bevorzugt.
- *Der Autorität besitzende Mitarbeiter,* der möglichst viel Handlungsspielraum benötigt, aber dessen Aktionsraum überwacht werden sollte.
- *Der behutsame und vorsichtige Mitarbeiter,* der in ein Team eingebunden werden und Aufgaben übernehmen sollte, die keine zu schnellen Entscheidungen und Handlungen erfordern.
- *Der disziplinierte und strukturierte Mitarbeiter,* der es liebt, in Teams und Organisationen Strukturen, Ordnung und Planung reinzubringen.
- *Der enthusiastische Mitarbeiter,* der am besten mit Aufgaben betraut wird, bei denen er seine Energie und seinen Elan am Arbeitsplatz und im Team ausleben und einbringen kann.

Fallbeispiel: Talentförderung – ernst genommen

Ausgangslage

Im Unternehmen der Solar AG stellt man immer deutlicher fest, dass Spitzenleistungen auf besonderen Talenten beruhen, sei es in der Innovation der Produktentwicklung oder in der Führung von Mitarbeitern. Doch man macht nichts dafür und überlässt dies alles dem Zufall. Dies soll sich nun ändern.

Massnahmen

In einem ersten Schritt wird im Rahmen eines Konzeptes ein Referent der Talentförderung eingeladen, um das Kader für das Thema zu sensibilisieren. Zudem besucht man eine Talentförderschule für hochbegabte Kinder. Die HR-Abteilung bekommt den Auftrag, bei der Personalgewinnung den Talentaspekt sofort konkret und systematisch – teilweise durch Tests unterstützt – zu gewichten.

An einer eintägigen Kader-Retraite wird über die talentiertesten Mitarbeiter gesprochen, d.h. wo diese bis heute welche Talente bewiesen haben und wie diese noch stärker genutzt werden können. Intensiv widmet man sich aber auch der Entdeckung von Talenten und macht dies zur Chefsache. Die Kernfrage lautet: Bei welchen Spitzenleistungen waren innerhalb des letzten Jahres welche Spitzentalente beteiligt? Dabei macht man bei 10 Mitarbeitern in acht Abteilungen erstaunliche Feststellungen. Mit diesen wird ein separates Förderprogramm entwickelt, bei welchem die Talentförderung im Zentrum steht. Dieses Förderprogramm wird von einem spezialisierten Coach begleitet.

Auch bei der Personalentwicklung wird der Hebel angesetzt: Man kommt vom Giesskannenprinzip weg und fokussiert Mitarbeiter-Talente, die für die Kernkompetenzen des Unternehmens von besonderer Bedeutung sind. Jeder Abteilungsleiter hat einen Tag der offenen Tür, bei dem er über die für seine Abteilung wertvollsten Talente informiert und demonstriert, wie diese dem Unternehmen dienen. Beim Kadernachwuchs wird das Thema "Führungstalente in Kommunikation und Sozialkompetenzen" fokussiert und fliesst in spezielle Kadernachwuchs-Zirkel ein.

Talenterkennung und Talentförderung

Zudem wird Talenterkennung und Talentförderung unter der Regie des Human Resource Managements zum Jahres-Thema gewählt. Jedes Quartal referieren Wissenschaftler, Experten und Psychologen zum Thema. Interessierte Mitarbeiter können verschiedene Tests absolvieren. Ein Buch-, Zeitschriften- und Seminarprogramm zum Thema vertieft das Wissen für Interessierte. Bei einer "Talentschau nach aussen" werden junge Talente ausserhalb des Unternehmens in verschiedenen Bereichen besucht: Musik-, Sport- und Forschungstalente. Zu guter Letzt spendet das Unternehmen eine beträchtliche Summe an eine Talentschule für junge Musiker und informiert die Presse über das gesamte Programm und Massnahmenpaket. Ein Tag der offenen Tür für Aussenstehende rundet die Massnahmen ab und steht unter dem Motto "Für beste Leistungen die besten Talente".

Resultate

Talent wird plötzlich thematisiert, Führungskräfte sind sensibilisiert und beobachten wesentlich intensiver Talente, erforschen versteckte und fördern diese. Mitarbeiter entdecken mit Stolz neue Talente und Stärken und gar bei Bewerbungen melden sich plötzlich spezifisch talentierte und begabte Mitarbeiter und Experten.

Motivierendes Führungsverhalten

Motivierendes Führungsverhalten wird aber auch durch einen überdurchschnittlich kooperativen und partnerschaftlichen Führungsstil positiv beeinflusst und geprägt. Ein partnerschaftlicher Führungsstil vereint die *Vorbildwirkung* (Respektieren der Mitarbeiter, mit eigenem Verhalten und gutem Beispiel vorangehen), die *Coach-Rolle* (begleiten, beraten, betreuen, herausfordern), und die *Moderatorenfunktion* (verknüpfen, lenken, vermitteln, anregen) sozusagen in einer Person. Durch die Abgabe von Kompetenzen erreicht die Führungskraft auch eine Entlastung ihrer Person und fördert das Verantwortungsbewusstsein und das unternehmerische Denken der Mitarbeiter, was wiederum eine starke Motivationswirkung mit sich bringt.

Kritik üben, die motiviert und nicht verletzt

Kritik wird im Berufsalltag oft geübt, doch leider oft in Form beleidigender Attacken. Auf die Person des Mitarbeiters und deren Fähigkeiten abzielende Kritik ist eine der gefährlichsten Motivationskiller, da sie das Selbstvertrauen schwächt und seine Kompetenz in Frage stellt. Motivierende Kritik setzt einige wichtige Verhaltensweisen voraus:

Präzise und sachlich kritisieren

Pauschale Kritik wie "Sie haben bei dieser Sitzung versagt" bewirken nichts und lassen den Kritisierten mit Unsicherheiten und Fragezeichen zurück. Kritik muss sagen, was weshalb in welcher Situation nicht den Erwartungen entsprach. Die Basis einer Kritik muss Respekt und Glaube an die Kompetenz des Mitarbeiters sein und diese sollte auch kommuniziert werden: "Sie haben diese Verhandlung aus den vorher genannten Gründen leider nicht zum Erfolg geführt. Ich weiss aber, dass Sie Verhandlungen sonst sehr argumentationsstark, selbstsicher und mit viel Fachkompetenz führen".

Kritik darf nur der Sache, nie der Person gelten

Dies ist eine sehr wichtige Voraussetzung. Werden Fähigkeiten und Kompetenzen in Frage gestellt und die persönlichen Schwächen als Grund genannt, wirkt diese Form von Kritik verletzend und führt zur fatalen Meinung des Mitarbeiters, der Arbeit in diesem Fall ja sowieso nicht gewachsen zu sein.

Eine konstruktive Lösung anbieten

Eine Kritik sollte Vorschläge enthalten, wie ein Verhalten verbessert oder ein Problem gelöst werden kann. Ideal ist dabei, wenn sogar aktive Unterstützung angeboten wird. Diese signalisiert, dass die Führungskraft an die Fähigkeiten des Mitarbeiters glaubt und ist ein Coach-Verhalten, mit dem auf konstruktive Wiese "Hilfe zur Selbsthilfe" geboten wird.

Die Erwartung klar formulieren

Emotional intelligente Kritik ist nicht nur sachlich und konstruktiv, sondern hilft dem Kritisierten auch, zu wissen, wie es nun weitergeht. Dazu gehören Informationen, auf welche Weise bei welcher Aufgabe bis wann eine Verbesserung erfolgt und wie diese gemeinsam erkannt, überprüft und besprochen werden kann.

Kritik unter vier Augen persönlich aussprechen

Memos oder E-Mails sind nicht der richtige Weg, Kritik zu üben, da sie eine unklare Wirkung hinterlassen und den Eindruck erzeugen, als fehle die Courage, Kritik beim Mitarbeiter offen anzubringen. Kritik muss unter vier Augen persönlich und direkt erfolgen.

Die Bedeutung der Sensibilität

Wer Kritik übt, sollte sich bewusst sein, welche Gefühle sie beim Kritisierten auslöst, was eine Frage der Empathie ist. So sollte Kritik gegenüber Mitarbeitern mit einem weniger ausgeprägten Selbstvertrauen schonender erfolgen als gegenüber einem Teamleader, der sich seiner Leistungsqualität in jeder Beziehung bewusst ist. Wenn eine Kritik verletzt, kann sie Groll, Verbitterung, Abwehr und Distanz erzeugen und bis zu passivem Widerstand führen.

Merkpunkt für die Praxis

Kritik als persönlicher Angriff oder mit der Infragestellung der Kompetenzen, hat eine verheerende Wirkung und ist in höchstem Grade demotivierend. Untersuchungen haben gezeigt, dass Mitarbeiter, die glauben, Misserfolge beruhen auf unveränderlichen Defiziten, die Hoffnung auf Verbesserung aufgeben und sich auf Minimalleistungen mit Versagensängsten ohne jegliche Risikobereitschaft zurückziehen. Führungskräfte, die solches gravierendes Fehlverhalten zeigen, müssen klar und deutlich darauf hingewiesen werden.

Auch für Kritisierte gibt es Verhaltensregeln

Mitarbeiter sollten dazu angehalten werden, Kritik nicht als persönlichen Angriff oder Unfähigkeit zu sehen, sondern als Zeichen und Chance, zu lernen und eine bestimmte Sache besser zu machen oder einen neuen, effizienteren Weg zur Problemlösung zu finden. Kritik ist kein Signal des Versagens und Misserfolges, sondern zeigt, dass man etwas zum eigenen Vorteil besser machen kann.

Auf einen Blick: Motivierend kritisieren
Als eine Zusammenfassung nachfolgend nochmals die wichtigsten Kommunikations- und Verhaltensregeln für motivierende Kritik:
1. Stets konkret, präzise und sachbezogen kritisieren
2. Konstruktive und sachbezogene Lösung finden
3. Erwartung und Verbesserungsziele formulieren
4. Kritik immer unter vier Augen persönlich aussprechen
5. Sich in die Gefühlslage des kritisierten Mitarbeiters versetzen
6. Nicht die Fähigkeiten ins Zentrum stellen, sondern die Sache
7. Zuversicht in die MA-Kompetenzen und mögliche Lösung zeigen

Die Formel für gekonnte Kritik in der Praxis

Es gibt in der Konfliktforschung eine einfache sogenannte X-Y-Z-Formel, die die Struktur einer Kritikäusserung aufzeigt:

X   Das Problem, den Gegenstand der Kritik genau benennen

Y   Die damit verbundenen Gefühle äussern und zeigen

Z   Aufzeigen, was sich konstruktiv wie ändern liesse

Fallbeispiel: Konstruktives Kritikgespräch

Ausgangslage

Martin S., Vorgesetzter seines Teamleiters, missfällt das von seinem Assistenten Kurt S. an die Geschäftsleitung gesandte Konzept, da es die Kompetenzen seiner Abteilung in ein falsches Licht rückt. Da er den Teamleiter aber als sensiblen Menschen kennt und er ihm dies sehr fair aber klar sagen möchte, führt er das Kritikgespräch entsprechend.

Kritikgespräch

"Herr Kurt S., Ihr Konzept an die GL war sehr gut formuliert und strukturiert. Ein Punkt hat mir allerdings nicht gefallen und ich möchte Sie offen darauf ansprechen. Ihre Begründung im Konzept an die Geschäftsleitung, uns würden die Ressourcen und Fachleute fehlen, hat mich enttäuscht und verärgert. Damit wurden die Kompetenzen unserer Abteilung in Sachen Engpasserkennung, Planung und Budgetierung in Frage gestellt. Inskünftig sollten wir dies in einer solchen Situation miteinander vorbesprechen und dabei sachliche und ausgewogene Gründe vorbringen, hinter denen wir beide stehen können".

Motivationswirksame Sozialkompetenzen Die nachfolgenden Punkte geben eine Übersicht und Selbst-beurteilungs-Möglichkeit der für die Motivation wesentlichen Komponenten der Sozialkompetenz	mache ich gut	kann ich verbessern	fehlt, muss ich noch an mir arbeiten
Ich kann gut ehrliche konkrete Anerkennung aussprechen			
Kritik kann ich ruhig, sachlich und fair äussern			
Kritik nehme ich ruhig, positiv und helfend entgegen			
Ich kann klar, aber ruhig und verständnisvoll nein sagen			
Ich kann mich angemessen entschuldigen			
Wenn angebracht, kann ich Schwächen eingestehen			
Ich kann deutlich, aber beherrscht Unzufriedenheit zeigen			
Ich kann Begeisterung wecken, zeigen und rüberbringen			
Widersprüche kann ich akzeptieren			
Auf Kritik gehe ich konstruktiv und dankbar ein			
Erfolge anderer kann ich spontan würdigen			
Ich kann meine Gefühle gut zeigen und die anderer erkennen			
Leistung ist selten eine Ich-Sache, sondern Teamverdienst			
Lob nehme ich uneingeschränkt entgegen			
Ich kann natürlich um einen Gefallen bitten			
Ich entschuldige mich nur, wenn dies angebracht ist			
Ich wirke durch Ausstrahlung nicht durch Autorität			
Ich lasse andere gerne an meinem Erfolg teilhaben			
Ich habe die Courage, zu Schwächen zu stehen			

Die Wirkung von Leitbildern

Der Bezug eines Mitarbeiters zum Unternehmen kann durch (möglichst gelebte) Grund- und Leitsätze gefördert werden. Grund- und Leitsätze sind Wegweiser und Orientierungshilfe im komplexen Gebilde eines Unternehmens, vergleichbar mit einer allgemein verbindlichen betrieblichen Verfassung. Wird ein neues Leitbild entwickelt, hat der Einbezug und die Mitgestaltung der Mitarbeiter von Beginn weg eine starke Identifikations- und Motivationswirkung.

Merkpunkt für die Praxis

Achtung: Verzichten Sie auf hochtrabende, floskelhafte und auswechselbare Leitbilder. Der starke Einbezug der Mitarbeiter, die Wiederspiegelung des eigenständigen Charakters des Unternehmens und wirklich gelebte und verbindliche Werte aus dem Leitbild sind äusserst wichtig. Ansonsten verkommt ein Leitbild zu einem nur zur Makulatur gehörenden Stück Papier.

Das Tolerieren von Fehlern ermutigt zu Innovationen

Bauen Sie eine gesunde Fehlerkultur auf. Keiner Ihrer Mitarbeiter sollte Angst haben, einen Fehler zuzugeben. Wenn diese Angst besteht, ist das Risiko sehr gross, dass Irrtümer oder Fehler nicht zugegeben, sondern vertuscht werden oder der schwarze Peter von einem zum anderen wandert. Seien Sie immer konstruktiv, auch bei Fehlern oder Missgeschicken. Suchen Sie nicht nach Schuldigen, sondern richten Sie Ihre Aufmerksamkeit nach vorne: Was können wir tun, um das Problem in den Griff zu bekommen? Wie können wir in Zukunft diesen Fehler verhindern? Was können wir alle aus diesem Fehler lernen? Bei einer solchen Fehlerkultur werden Ihre Mitarbeiter sehr viel eher bereit sein, Verantwortung für eine ungünstige Entscheidung zu übernehmen, Fehler zuzugeben und sich dann mit Feuereifer an einen neuen Lösungsweg machen.

Empowerment – mehr als nur ein Schlagwort

Empowerment heisst, die Eigenverantwortlichkeit der Mitarbeiter zu ermöglichen und zu fördern. Dies heisst für Führungskräfte, Verantwortung abzugeben, um Eigenverantwortung zu ermöglichen. Die Folge ist, dass Eigenverantwortung Leistungsbereitschaft hervorruft. Die Idee hinter dem Konzept des Empowerments ist, dass Mitarbeiter, die Verantwortung tragen, viel leistungsbereiter sind. Sie können in ihrem Wirkungsbereich selbst entscheiden, entwickeln eigene Ideen und Konzepte und können diese auch umsetzen.

Mitarbeiterinformationen

Fördern Sie die Mitarbeiterinformation als eine wichtige Ressource für die Transparenz der Unternehmenskultur. Mittel der Informationsweitergabe sind Mitarbeiterbesprechungen, das Intranet und E-Mail-Zugang, das schwarze Brett, Mitarbeiterzeitungen, anschauliche Informationstafeln über laufende Projekte und Pressespiegel. Motivation der Mitarbeiter wird auch durch das Firmenimage gefördert. Durch das Engagement nach innen (spezielle Fördermassnahmen für Mitarbeiter) und die Repräsentation nach aussen erfolgt die Bindung des Mitarbeiters an das Unternehmen in einer Weise, die auch sein privates Umfeld miteinbezieht.

Vertrauen ist besser, Kontrolle ist gut

Vertrauen ist ein arg strapazierter Begriff. Doch was ist Vertrauen? Vertrauen kann man als die Fähigkeit umschreiben, sich nur mit einem Minimum von Absicherung und Kontrolle auf jemanden zu verlassen. Nur wer Vertrauen gewährt – und zwar solches in die Person und ihre Fähigkeiten und ihren Leistungswillen – wird es gewinnen. Verlässlichkeit, Berechenbarkeit, Einhalten von Versprechen, Fairness, Loyalität, Fehlertoleranz, Ehrlichkeit und Glaubwürdigkeit sind wichtige Verhaltensweisen, um Vertrauen vorzuleben, zu beweisen und zu erhalten. Vertrauen entsteht vor allem durch Vorschuss und kaum durch die misstrauische Suche nach Sicherheit der Kontrollbesessenen. Gesucht wird eine Unternehmenskultur, die Vertrauen zu einem wichtigen Prinzip der menschen- und respektbasierenden Führung macht. Die Fähigkeit zu vertrauen basiert auf einem positiven Menschenbild und gelebter Sozialkompetenz. Wird dieses Vertrauen ehrlich entgegengebracht und im Führungsalltag immer wieder auch unter Beweis gestellt, ist es eine der wichtigsten Grundlagen motivierender Menschenführung.

Gehen Sie immer davon aus, dass jeder sein Bestes gibt

Basis sollte immer eine positive Einstellung gegenüber Mitarbeitern sein. Gehen Sie davon aus, dass jeder Ihrer Mitarbeiter sein Bestes gibt – zumindest das Beste, was ihm oder ihr in dieser Situation möglich ist. Wenn Ihnen das nicht ausreicht, können Sie gemeinsam überlegen, was dieser Mitarbeiter braucht, um bessere Leistungen zu erbringen – vielleicht neueres Arbeitsmaterial, eine Fortbildung, Anreize oder klarere Aufgabenstellungen. Arbeiten Sie zusammen daran, dass der Mitarbeiter mehr geben kann und unterstützen Sie Ihre Leute dabei, besser zu werden, ohne Druck auszuüben. Ein gutes Mittel, die Bestrebungen Ihrer Mitarbeiter zu verstärken, ist das Lob. Das Vertrauen und die Zuversicht in die Leistungsfähigkeit sollte auch regelmässig kommuniziert werden, da dies auch einen grossen Einfluss auf das Selbstvertrauen hat und Sicherheit in der Zielerreichung gibt.

Erfolg permanent erlebbar machen durch Feedback

Erfolg und gute Leistungen möchte man geniessen und erleben können und möglichst bestätigt und bewiesen haben. Über die verbale Wertschätzung und Anerkennung hinaus ist es aber wichtig, auch andere Formen des Erfolgsfeedbacks zu geben, die emotional und authentisch sind. Dies können konkret sein:

- Wertschätzung der Geschäftsleitung weitergeben
- Erfolge in Mitarbeiterzeitschrift publik machen
- Ein Kundenkompliment weiterleiten bzw. darüber informieren
- Mitarbeiter-Organisationstalent bei Projekt am Beispiel zeigen
- Gute Mitarbeiterbeurteilung anhand von Fakten und Beispielen
- Bei Ideen Beitrag zum Unternehmenserfolg veranschaulichen

Merkpunkt für die Praxis

Erfolg ist der Motivationsmotor schlechthin. Ziele, Aufgaben, Feedback, Herausforderungen sollten darauf ausgelegt sein, möglichst viele Erfolgserlebnisse zu ermöglichen. Dabei ist es eine zentrale Führungsaufgabe, auf Erfolg mit Feedback und Anerkennung zu reagieren und so das Vertrauen und die Sinngebung der Arbeit zusätzlich zu verstärken.

Sensibilität und Offenheit in der Beziehung

Untersuchungen und Tests haben bewiesen, dass die inhaltlichen Aspekte einer Beziehung gestört sind oder ganz an Wirkung verlieren, wenn die persönliche Beziehungsebene nicht funktioniert. Ein konkretes Beispiel: Glaubt ein Mitarbeiter, dass sein Vorgesetzter ihn nicht wirklich respektiert und seine Leistung schätzt (auf der Beziehungsebene), dann verliert das Vereinbaren von Zielen (auf der Inhalts- und Sachebene), auch wenn noch so stark auf den Mitarbeiter eingegangen wird, an Glaubwürdigkeit und kann sogar zu Sabotage führen und kontraproduktiv werden. Es ist deshalb äusserst wichtig,

- die Beziehung immer wieder kritisch zu hinterfragen
- Motivationshemmnisse herauszufinden und zu beheben
- Permanentes Feedback zu fordern und zu geben
- auf Zeichen der Demotivation und Unzufriedenheit zu achten
- Störungen im Teamklima sofort auf den Tisch zu bringen
- plötzliche Verhaltensänderungen sofort offen anzusprechen

Echtes Interesse an Meinung von Mitarbeitern haben

Das ernsthafte Interesse an der Meinung eines Mitarbeiters ist ein sehr überzeugender Beweis, dass man viel von seinen Fähigkeiten hält, ihn indirekt um seine Hilfe und einen Beitrag bittet und einbezieht, seine Sicht der Dinge darzulegen. Fliessen dann auch effektiv neue Meinungen ein, führt ein solcher starker Motivationseffekt dazu, dass Projekte und Neuerungen besonders engagiert und konstruktiv mitgetragen werden.

Stärkung des Selbstvertrauens und des Selbstwertgefühls

Vermittlung und Stärkung von Selbstvertrauen ist eine äusserst wichtige Führungsaufgabe. Anerkennung und Wertschätzung, die Befähigung zu Erfolgserlebnissen, den fähigkeitsgerechten Einsatz und angemessene Herausforderungen gehören dazu. Man kann von einem Vertrauenskreislauf sprechen, in dem

a) Vertrauen in den Mitarbeiter zu
b) mehr Verantwortungsübertragung, dann zu
c) besserer Leistung und dies
d) zu gestärktem Selbstvertrauen führt

Erfolgreiches Leadership ist vor allem motivierend

David Maister, viele Jahre Professor an der Harvard University und jetzt erfolgreicher und pragmatischer Unternehmensberater und Coach, charakterisiert die Prinzipien erfolgreicher Führung sehr konkret und prägnant. Auffallend ist dabei, wie viele dieser Prinzipien die Mitarbeitermotivation in den Mittelpunkt stellen. Nach David Maister zeichnen sich wirkliche Leader und Führungskräfte durch die folgenden Merkmale aus:

- Sie unterstützen die Mitarbeiter in ihrer persönlichen Entwicklung
- Sie halten sich konsequent an das, was sie sagen und verlangen
- Sie lassen keine Kluft zwischen Managern und Mitarbeitern zu
- Sie moderieren und vermitteln, statt zu diktieren und zu kritisieren
- Sie arbeiten mit Begeisterung und stecken andere damit an
- Sie sprechen über ihre Visionen und beziehen dabei Mitarbeiter ein
- Sie nehmen primär die Arbeit und weniger sich selbst ernst

Das Menschenbild von Führungskräften

Das Menschenbild von Führungskräften als Grundvoraussetzung, die Individualität von Motivationsprofilen, das Anspruchsniveau als Voraussetzung motivierender Tätigkeiten, die starke Wirkung von Talenterkennung und -förderung und Leidenschaft als Leistungsmotor. Auch die oft unterschätzte Notwendigkeit, schon bei der Rekrutierung von Führungskräften deren Motivationsfähigkeit, sozialen Kompetenzen und Menschenbild und bei Mitarbeitern ohne Führungsaufgaben deren Motivierbarkeit, Motivationsprofile und Leistungsbewusstsein viel stärker zu beachten, als dies leider oft der Fall ist, gehört dazu.

Ein positives und respektbasierendes Menschenbild

ist eine absolute Voraussetzung für wirksame und glaubwürdige Motivationsarbeit. Achten Sie vor allem bei der Rekrutierung von Führungskräften und Besetzung von Schlüsselpositionen auf diese Grundhaltung. Das Menschenbild ist ein Grundwert, der nur schwer entscheidend verändert werden kann. Und nur aus diesem heraus sind Mitarbeiterförderung, Wertschätzung, Anerkennung und Einbezug in Entscheidungen - alles wichtige Motivationsfaktoren -, überhaupt möglich.

Einer der grössten Fehler bei der Motivationsförderung

ist die Missachtung unterschiedlich motivierbarer Menschen und Bedürfnisse von Individuen. Motivation nach dem Giesskannenprinzip versagt. Auch Dogmen sollte man mit Vorsicht begegnen, sondern Massnahmen, Prioritäten und Stossrichtungen auf individuelle Gegebenheiten und Grundwerte von Mitarbeitern abstimmen. Mitarbeiter haben individuelle Motivationsprofile, die aus Persönlichkeit, Talenten und Grundwerten herauskommen.

Sinngebende und herausfordernde Tätigkeiten und Ziele

spielen bei der Mitarbeitermotivation eine wichtige, wenn nicht gar die zentrale Rolle und haben eine beachtliche "Hebelwirkung". Wichtig ist dabei, diese Herausforderungen individuell auf Mitarbeiter auszurichten und im Dialog permanent zu überprüfen und mit Anerkennung Wertschätzung zu zeigen. Wer Mitarbeitern Perspektiven vermittelt und Sinnstiftung geben kann, leistet möglicherweise den wertvollsten Beitrag zur Motivation überhaupt. Wichtige Motivationsfaktoren sind heutzutage oft stark mit der Arbeit selbst verbunden, spannende und herausfordernde Aufgaben und Projekte tragen oft mehr zur Mitarbeiterbindung und Motivation bei, als früher Unternehmen und Vorgesetzte dies taten, vor allem bei der Generation X. Das belegt übrigens auch eine neue Studie (Universum, Swiss-Professional-Karrierestudie).

Die Ganzheitlichkeit des Motivationsverständnisses

ist von sehr grosser Bedeutung. Bei der Ergreifung von Massnahmen ist auf diese Ausgewogenheit zu achten, da sonst Widersprüche oder Lücken entstehen, welche andere sehr gute Motivatoren schwächen oder gar in Frage stellen. So ist zum Beispiel eine auf Respekt basierende Führung – auf der Ebene Führungsverhalten – eine Frage der Glaubwürdigkeit. Freiräume und Chancen zur Entfaltung werden aber auch von Unternehmenskulturen getragen und ermöglicht.

Das Berücksichtigen von Anspruchsniveaus

ist bei Zielvorgaben und Aufgaben von grosser Bedeutung. Überforderung und Unterforderung können gleichermassen Frustration auslösen und so sämtliche andere Motivationsmassnahmen zunichtemachen oder zumindest schmälern. Zielerreichungskontrollen, Feedbacks, Beobachtungen und Mitarbeiterbeurteilungen ermöglichen die Beurteilung und Sicherstellung geeigneter Anspruchsniveaus am besten. Ideal ist, was als Herausforderung gesehen wird und leicht über dem Erreichbarkeitsniveau liegende Ziele, die erreichbar sind, aber nur mit Anstrengungen.

Stärken und Talente fördern

Es setzt sich sicher immer mehr die wohl berechtigte Meinung durch, dass eine die Stärken und Talente fördernde Fokussierung wesentlich motivierender und letztlich auch effektiver ist als Beurteilungen und Fördermassnahmen, welche Schwächen und fehlende Skills mit grossem Aufwand und ungewissem Erfolgsausgang beheben wollen.

Der Grund ist ein einfacher: Wer gefördert wird, sieht, dass man an seine Zukunft und Fähigkeiten glaubt, hat Erfolgserlebnisse und gewinnt so Leistungsfreude und Selbstvertrauen. Wer Talente erkennt und fördert, rückt Tätigkeiten und Stärken von Mitarbeitern in den Vordergrund, lässt sie somit Tätigkeiten ausführen, die ihnen Spass machen und ermöglicht damit Spitzenleistungen und Erfolgserlebnisse. Und beitreibt so die wohl wirksamste und nachhaltigste Motivation, die erst noch die Personalentwicklung einbezieht und Leistungen optimiert.

Passion als Leistungsmotor

Mark McCormack, ein US-Unternehmer, vertrat zu Recht die Ansicht: "Wir bewerten die Leidenschaft, die ein Mitarbeiter ins Unternehmen bringt, erheblich zu gering. Man kann wohl ein Gehirn mieten, aber nicht ein Herz". Eine Führungskraft, welche Leidenschaften erkennen und entfachen kann - und vor allem bei Rekrutierungen darauf achtet, ob die Voraussetzungen überhaupt gegeben sind - ist nur schon damit ein erfolgreicher Motivator. Führungskräfte, welche Leidenschaften entzünden können, sind möglicherweise die besten Motivatoren, die man sich vorstellen kann.

Motivation beginnt bei der Rekrutierung

Nur motivierbare Mitarbeiter sind letztlich nachhaltig zu motivieren. Viel zu wenig achtet man in der Rekrutierung auf diese Faktoren. Es sind beispielsweise: Positive Grundhaltung, ausgeprägtes Leistungsbewusstsein, Ziele und Ambitionen, Interesse an der Weiterentwicklung und Bedürfnis nach Sinnstiftung. Und: Umso mehr Kandidaten in Interviews über die Arbeit, deren Ziele und die Weiterentwicklungsmöglichkeiten wissen wollen, desto motivierbarer werden sie sein.

Was Motivation besonders schädigt

Kein Feedback auf Ideen

Die meisten Mitarbeiter möchten sich einbringen und ihren Beitrag zum Erfolg leisten. Wenn auf Mitarbeiter-Vorschläge oder Ideen jedoch kein Feedback oder lediglich eine trockene Zur-Kenntnisnahme folgt, würgt dies jede Initiative und das Interesse an weiteren Vorschlägen und Initiativen ab. Desinteresse an Initiativen und Vorschlägen ist ein Motivationskiller par excellence und oft der Auslöser innerer Kündigungen.

Angst vor Fehlern

Unternehmen, die Fehler nicht als Teil des Lern- und Erfolgsprozesses verstehen, verstärken die Angst vor Fehlern und halten damit Mitarbeiter vom Experimentieren und Sich-Exponieren ab. Deshalb müssen Führungskräfte Mitarbeiter dazu anhalten und helfen, aus Fehlern zu lernen und ein Unternehmen eine Fehlerkultur schaffen.

Keine Wertschätzung

Wer nicht konkret und ehrlich lobt und Ideen, Einsatz und Leistungen wertschätzt, nimmt der Motivation den wichtigsten Sauerstoff. Kluge Wertschätzung lobt vor allem auch zum Ausdruck gekommene Kernfähigkeiten und Talente.

Kein Einbezug

Bei der Realisierung von Ideen, Verbesserungen und Neuem muss auch der Einbezug der Mitarbeiter folgen, d.h. sie müssen an Projekten eine aktive Rolle spielen, ihre Vorstellungen einbringen und zwar bis zur Realisierung, inklusive Fortschritts- und Resultats-Feedback.

Keine Förderung und Perspektiven

Das Vermitteln von Perspektiven und Entwicklungsmöglichkeiten ist eine essenzielle Führungsaufgabe. Es sagt dem Mitarbeiter: „Du bist uns wichtig, mit Dir haben wir viel vor und wir schätzen deine Fähigkeiten". Eine einfache, aber zentrale Botschaft – und sie ist der Treibstoff der Motivation und erweitert gleichzeitig die Kompetenzen und stärkt die Mitarbeiterbindung.

Fehlende Erfolgserlebnisse

Mitarbeiter möchten Erfolge erleben, spüren und sehen. Wer Erfolgserlebnisse schafft, steigert die Motivation nachhaltig und macht Mitarbeiter und Wertschätzung in und aus der Praxis erlebbar inklusive Förderung des Selbstvertrauens. Mitarbeitern interessante Aufgaben geben, welche Erfolgserlebnisse ermöglichen, ist eine Führungspflicht, die viel zu oft vernachlässigt wird.

Keine Guidelines und Ziele

Motivation braucht Ziele, den Fokus auf das Wesentliche und das Erkennen des Beitrages zum Unternehmenserfolg. Auch die Relevanz von Aktivitäten und Leistungen und deren konkrete Auswirkungen sind motivierende Orientierungshilfen – und müssen kommuniziert werden.

Motivation mit der Giesskanne

Mitarbeiter haben individuelle und unterschiedliche Motivationsprofile. Einige sind auf Sicherheit und Teamspirit, andere auf Gehälter und Materielles und Leistungsbewusste auf Karriereziele und Perspektiven aus. Motivation nach dem Giesskannenprinzip versagt deshalb immer.

Nichtbeachtung der Motivierbarkeit

Beim Recruiting wird viel zu wenig beachtet, ob Kandidaten leistungsbewusst und motivierbar sind und welchen Stellenwert Leistung und Beruf überhaupt haben. Ehrgeiz, positive Grundhaltung und Begeisterungsfähigkeit sind einige Signale, die zeigen, ob dem so ist.

Fehlende Sinngebung

Menschen, die Wert und Sinn ihrer Tätigkeit (er)kennen und erleben und wissen, dass ihre Leistung zum Unternehmenserfolg und auch zur eigenen Sinngebung – vielleicht sogar auch gesellschaftlicher Art – und

Talententfaltung beiträgt, sind motivierter. Und es sind vor allem die qualifizierten und ambitiösen Mitarbeiter, die darauf Wert legen. Sinngebung muss stets transparent sein und auch sie muss von Führungskräften stets kommuniziert werden.

Seien Sie sich aber bewusst: Motivation ist kein Management-Handwerk, das man sich bei Motivations-Gurus und an Seminaren auf die Schnelle zulegen kann. Motivation entspringt vielmehr – sowohl auf Ebene der Unternehmenskultur wie auch der gelebten Führungspraxis – einer gegenüber Menschen und deren Leistungen positiven und auf Respekt basierenden Grundhaltung. Und diese sind eine Frage der Unternehmenskultur, der Führungspersönlichkeiten und der Bereitschaft des Managements, diese ihre dienende Werte stets zu leben und zu thematisieren. Ohne sie sind alle noch so klugen und gut gemeinten Massnahmen zum Scheitern verurteilt und bleiben schiere Kosmetik.

Die wichtigsten Faktoren für motivierende Mitarbeiterführung	mache ich gut	kann ich verbessern	fehlt, daran arbeiten
Ich spreche regelmässig konkrete ehrliche Anerkennung aus			
Ich zeige Perspektiven auf und kann Visionen formulieren			
Ich verfüge über ein positives Menschenbild			
Respekt und Achtung der Leistung anderer ist mir wichtig			
Ich gebe regelmässig ermutigendes Feedback			
Es gelingt mir gut, Mitarbeiter für Ziele zu begeistern			
Ich feiere und würdige Erfolge gerne im Team			
Ich kann Begeisterung wecken und rüberbringen			
Ich fördere meine MA in dem, was sie am besten können			
Es gelingt mir, ehrgeizige aber erreichbare Ziele zu setzen			
Spass und Freude haben einen hohen Stellenwert			
Ich kenne die Grundwerte meiner Mitarbeiter			
Die Förderung von Selbstvertrauen gelingt mir gut			
Ich kann Emotionen zeigen und gute Gefühle vermitteln			
Neue und wechselnde Herausforderungen sind wichtig			
Ich achte schon bei der MA-Anstellung auf Motivierbarkeit			
Ich bin mir der Bedeutung der Vorbildrolle im Klaren			
Ein positives und konstruktives Arbeitsklima ist mir wichtig			
Ich überprüfe und reflektiere mein Verhalten regelmässig			
Ich setze anspruchsvolle, aber realistische, erreichbare Zeile			

Möglichkeiten zu Vermittlung und Stärkung von Selbstvertrauen	mache ich gut, ist ausgeprägt	kann ich verbessern	fehlt, hier muss ich noch an mir arbeiten
Partnerschaftliche und kooperative Führung			
Respektbasierendes und positives Menschenbild			
Teilziele konkret würdigen, anerkennen und honorieren			
Fehler tolerieren und als Lernchance sehen und nutzen			
Chancen für selbstverantwortliches Handeln bieten			
Besondere Talente und Fähigkeit permanent würdigen			
Konstruktive Mitarbeiterbeurteilungen durchführen			
Überschau- und messbare Teil- und Etappenziele bieten			
Kurz-, mittel- und langfristige Zielhorizonte bieten			
Bei Problemen sofort das offene Gespräch suchen			
Ausgeprägte Selbstvertrauensmängel therapeutisch angehen			
Oft um Meinung, Verbesserung, Kritik, Beiträge bitten			
Persönlichkeitsbildende Kurse und Trainings bieten			
Gezeigtes Selbstvertrauen beobachten und hinterfragen			
Chancen zu Erfolgserlebnissen bieten			
Beitrag zu Team und Unternehmen würdigen und aufzeigen			
Entfaltungsmöglichkeiten mit Projekten und Jobenrichments			
Das Selbstvertrauen beeinträchtigende Faktoren beobachten			
Mit Laufbahnberatung und -planung Perspektiven aufzeigen			

Merkmale motivierender und fähiger Führungskräfte

abwägend	analytisch	ausgeglichen
beherrscht	belastbar	bestimmend
diszipliniert	dynamisch	einfühlsam
engagiert	erfolgreich	flexibel
gefühlsbetont	gestaltend	höflich
charismatisch	innovativ	interessiert
kompromissbereit	kontaktfreudig	korrekt
lernfähig	mutig	pflichtbewusst
zielstrebig	sachbezogen	selbstkritisch
standfest	teamorientiert	unabhängig
verantwortungsbewusst	wohlwollend	verständnisvoll
konziliant	zupackend	aktiv
anpassungsfähig	handlungsorientiert	ausgeglichen
behutsam	berechenbar	delegationsbereit
dominant	ehrgeizig	einsichtig
entscheidungsfreudig	ermutigend	freundlich
gerecht	herausfordernd	humorvoll
integrierend	kollegial	konsequent
konzentriert	kreativ	leistungsmotiviert
nüchtern	risikobereit	selbständig
sensibel	sympathisch	empathisch
unkompliziert	konsensfähig	vertrauensvoll
zielorientiert	zurückhaltend	aufgeschlossen
begeisterungsfähig	bejahend	beruhigend
durchsetzungsfähig	ehrlich	zuverlässig
erfahren	geduldig	gesprächsbereit
hilfsbereit	initiativ	intelligent
kompetent	konstruktiv	kommunikativ
kritisch	loyal	objektiv
realistisch	diskret	selbstbewusst
spontan	taktvoll	überzeugend
unterstützend	verständigungsbereit	vorurteilsfrei

Vorschläge für betriebliche Aktivitäten

Gefeierte Erfolge sind besonders nachhaltig

Ausgangslage

Für besondere Leistungen und Erfolge Lob und Anerkennung auszusprechen, ist von grösser Bedeutung. Erfreuliche und erfolgreiche Ereignisse in institutionalisierter Form im Team zu feiern und es zu einer Art Ritual zu machen, verstärkt die Wirkung zusätzlich und trägt wesentlich zu einem guten Motivationsklima bei.

Motivationswirkung

Es gibt viele Gründe und Anlässe für erfolgreiche Momente und Ereignisse, doch sie müssen gefeiert und kommuniziert werden und entfalten dann eine starke Motivationswirkung, und zwar für den Betroffenen und die gesamte Abteilung.

Konkrete Anlässe im Betriebsalltag

- die Aussendienstmannschaft hat die Verkaufsziele übertroffen
- ein Grossauftrag ist reingekommen
- das neueste Projekt wurde erfolgreich abgeschlossen
- die Junior-Assistentin hat soeben ihr Buchhalterdiplom erfolgreich abgeschlossen
- eine Mitarbeiterin hat geheiratet oder Nachwuchs erhalten
- ein neuer Mitarbeiter ist eingetreten

Konkrete Handlungsanregung

Institutionalisieren Sie das Feiern von Erfolgen und laden Sie Ihre Mitarbeiter immer am letzten Freitag eines Monats zu einem Apero "Wir feiern den Erfolg des Monats" ein, an dem ein noch unbekanntes Erfolgsereignis gefeiert wird. Richten Sie dafür eine "Belohnungs-Tombola" ein, bei der der betreffende Mitarbeiter ein Glückwunschlos (ein Ferientag, ein Restaurant-Gutschein, ein Einkaufsgutschein usw.) ziehen kann.

Überreichen Sie dem Mitarbeiter oder Team ein Geschenk, welches den Erfolg symbolisiert und zeigt, womit und wie dieser Erfolg erzielt wurde oder welchen wichtigen Beitrag er zum Unternehmenserfolg als Ganzes beisteuerte.

Events mit Symbolgehalt und Gefühlsappellen

Ausgangslage

Anlässe und Ereignisse in Gruppen und Teams, die von symbolischen Handlungen begleitet und veranschaulicht werden, sprechen Gefühle an, vereinfachen oft auch eine Idee und fördern die Kommunikation auf direkte und indirekte Weise.

Motivationswirkung

Tom Peters vertritt in "Leistung aus Leidenschaft" die klare Meinung: *"Aufmerksamkeit, Symbole, Theater, dramatische Effekte, Sprachregelung und Geschichten, Visionen und Liebe – das ist der Stoff, aus dem effiziente und motivierende Führung besteht. All dies ist unendlich wichtiger als Zahlen, Statistiken und formale Strukturen".* Es gibt viele Gründe und Anlässe für erfolgreiche Momente und Ereignisse, die man mit einer solchen Symbolhandlung verknüpfen kann.

Konkrete Beispiele im Betriebsalltag

- Change-Management veranschaulichen: Das Kader steigt im Wintersport von gewohnten Skiern auf Snowboard um.
- Sozialkompetenzen erweitern mit einem Besuch in einem Kinderdorf oder einer anderen Sozialeinrichtung.
- In einem Bergsteigerkurs oder anhand eines kleinen Berges erlernen, was es heisst, gemeinsam Ziele zu erreichen
- Kunden bei der Anwendung ihres Produktes besuchen und erleben, was nach dem Produktkauf geschieht.
- Der gesamte Betrieb geht in ein in der Natur liegendes Hotel und alle Mitarbeiter betätigen sich dort als Maler, um Kreativität und neue Erfahrungen zu erleben.

Konkrete Handlungsanregung

Ihr Unternehmen hat Visionen und Ziele zu einem Jahresmotto gewählt. Alle Mitarbeiter erstellen ihre Ziele und Abteilungen symbolisierende Drachen. Auch Familienangehörige werden dann zu einem Drachen-Tag eingeladen, an dem man die Drachen erklärt und sie steigen lässt. Ein externer Referent spricht zum Thema und der Geschäftsführer umreisst die Visionen und Ziele des kommenden Jahres.

Spannende Herausforderungen als Messlatte

Ausgangslage

Im Betriebsalltag werden allzu oft graue, mittelmässige und nicht gerade spannende Ziele gesetzt. Doch Ziele, die keine Herausforderung darstellen, keine Talente und besonderen Fähigkeiten nutzen und nicht an den Ehrgeiz appellieren, sind wenig attraktiv.

Motivationswirkung

Attraktive Ziele sollten mittelschwer, wechselnd, herausfordernd und so angesetzt sein, dass sie realistisch aber nur unter Aufbietung besonderer Kräfte, Talente und Fähigkeiten zu erreichen sind.

Konkrete Beispiele im Betriebsalltag

- In einem Call Center eine neue Kriterienliste für Messbarkeit der Kundenzufriedenheit einführen
- Für Verkaufsziele neu auch Kundenhaltungsquoten festlegen
- In einer Gruppe gemeinsam neu und ganzheitlichere Kriterien für Qualitätskontrollen diskutieren und einführen
- Werbeziele nicht nur nach Zahlen, sondern kommunikativen Gesichtspunkten wählen (Image, Sympathieeffekt, Kompetenzbild usw.)
- Ein Verkaufsziel höher setzen als gewöhnlich, dafür aber bessere Arbeitshilfsmittel, Weiterbildungsmassnahmen und neue Produktnutzen bieten

---

Konkrete Handlungsanregung

Sie setzen für einen Direktmarketer seit Jahren lediglich Jahresumsatzziele. Eine Marktbefragung hat aber ergeben, dass Kommunikation zu produktlastig und technisch ist. Nun werden drei bis vier konkrete Zusatzziele definiert, um diese Mängel zu korrigieren und die Qualität der Kommunikation zu verbessern.

Das Erreichen der Ziele wird mit einer nochmals stattfindenden Marktbefragung kontrolliert, um festzustellen, ob die Kommunikationsziele erreicht wurden.

Erfolgserlebnisse ermöglichen und anerkennen

Ausgangslage

Diese Anforderung steht in engem Zusammenhang mit der Attraktivität von Zielen und der Fähigkeit, Anerkennung auszusprechen. Es ist die Verantwortung einer Führungskraft, solche Erfolgserlebnisse zu bieten und die besonderen Fähigkeiten und Stärken der Mitarbeiter auch zu kennen. Bei leistungsmotivierten Mitarbeitern sind Erfolgserlebnisse eine zentrale, äusserst wichtige Motivation.

Motivationswirkung

Erfolgserlebnisse sind "erlebte", fühlbare, bewiesene und emotional wirksame Anerkennungen. Sie zeigen faktisch, welche Stärken, Talente und besonderen Fähigkeiten man hat und welch konkreten Beitrag man für das Unternehmen geleistet hat. Zu beachten ist, dass die *Erfolgswahrscheinlichkeit* (Fähigkeiten und Erwartungsniveau), das *Erfolgsfeedback* (Anerkennung, Coaching) und der rational und emotional erlebbare *Erfolgsbeweis* als solcher (Kundengratulationen, erzielte Kostensenkung, sichtbare Qualitätssteigerung) dazugehören.

Konkrete Beispiele im Betriebsalltag

- Der Mitarbeiterin einen Bericht zur Korrektur geben und ihr sagen, dass Sie viel von Ihren Deutschkenntnissen halten
- Während eines Monats eine Spezialaufgabe bewusst übergeben, die dem besonderen Talent eines Mitarbeiters entspricht
- Dem Absolventen eines Diploms ein Projekt geben, mit welchem er seine neuen Kenntnisse unter Beweis stellen kann
- Einem Excel-Crack eine anspruchsvolle Statistikaufgabe geben und ihm sagen, wie viel Sie von seinen Excelkenntnissen halten

---

Konkrete Handlungsanregung

Es ist natürlich wichtig, die Stärken und Fähigkeiten seiner Mitarbeiter zu kennen. Diese sollten schon bei der Übergabe der Aufgabe oder des Projektes genannt und gelobt werden. Auch während der Aufgabenerfüllung sollte ein Feedback erfolgen, welches Zufriedenheit und Anerkennung enthält und Ideen und Vorschläge aufnimmt. Nach Abschluss ist ein besonders anerkennendes Dankeschön und das in Aussichtstellen weiterer Projekte dieser Art – oder gar eine Änderung oder Erweiterung der Aufgaben – eine zusätzliche Verstärkung.

Wir-Gefühl stärken mit sozialen Aktivitäten

Ausgangslage

Im Team und in der Gruppe erlebte Anerkennungen und Erfolgserlebnisse verstärken die Wirkung und Nachhaltigkeit. Zudem übernehmen Unternehmen immer mehr ethische und soziale, über reine Wirtschaftlichkeitsfaktoren hinausgehende gesellschaftliche Verantwortung.

Motivationswirkung

Mit einem Wir-Gefühl gekoppelte soziale Engagements und Aktivitäten appellieren an oben genannte Ethik und soziale Verantwortung unter Einbezug der Mitarbeiter und Beweis ihnen gegenüber, dass diese Verantwortung wahrgenommen wird. Dies verstärkt die Identifikation und das Zusammengehörigkeitsgefühl auf besondere Weise.

Konkrete Beispiele im Betriebsalltag

- Organisieren Sie Spendenaktionen und verdoppeln Sie den Betrag der Mitarbeiterspenden
- Ein soziales Anliegen zu einem Monats-Thema mit externen Referenten und weiteren Veranstaltungen machen
- Regionale soziale Einrichtung wie Kinderheim, Obdachlosenzentren, Asylheime usw. besuchen und aktiv unterstützen
- Mit dem Branchenbereich verwandt tätig sein (Sportartikelhersteller unterstützt Behindertensportgruppe)

Konkrete Handlungsanregung

Machen Sie ein soziales Anliegen zum Monatsthema. Greifen Sie ein aktuelles soziales Problem wie Hunger in der Dritten Welt, Aids, Opfer von Naturkatastrophen, Minderheiten, Umweltprobleme auf und berichten Sie in der Mitarbeiterzeitschrift über die Hintergründe. Ein externer Referent und Presseschauen zum Problem vertiefen die Problematik zusätzlich. Dazu kommt ein Tag praktisches Engagement (Mithilfe und Besuch im Kinderdorf Pestalozzi) und Geldspenden oder ein Lohnprozent der gesamtbetrieblichen Lohnsumme. Darüber werden auch Medien informiert und eventuell Journalisten eingeladen. Ein abschliessendes Protokoll informiert auch Angehörige, Kunden und Lieferanten.

Wir alle zusammen haben es geschafft

Ausgangslage

Gerade dort, wo Leistungen erbracht werden und man einen Grossteil seines Lebens in einer nicht beeinflussbaren Schicksalsgemeinschaft verbringt, kommt dem Team und Wohlbefinden in einer Gruppe grosse Bedeutung zu.

Motivationswirkung

Viele Untersuchungen und praktische Erfahrungen belegen, dass harmonische, gut geführte, solidarische und von Humor, Spass und Leistungsfreude gekennzeichnete Teams beträchtliche Potenziale von Eigenmotivation aufweisen und eine besondere Leistungsdynamik haben. Zentral ist dabei, dass Erfolge, Auszeichnungen und Sonderleistungen als Team erbracht und immer auch als Teamerfolg gewürdigt und kommuniziert werden.

Konkrete Beispiele und Regeln im Betriebsalltag

- Veranstaltungen nichtgeschäftlicher Art – auch ausserhalb von Geschäftsräumen – fördern den Teamgeist
- Es ist die Aufgabe der Führungskraft, ein ausgeprägtes "Wir-Gefühl" zu entwickeln
- Auch bei einem eingeschworenen Team sollten individuelle Leistungen allerdings nicht untergehen
- Gut eingespielte Teams sollten auch Aufgaben und Projekte haben, bei denen Teamzusammenarbeit besonders zum Tragen kommt
- Bei der Personalauswahl sollte besonders auf die Teameignung und die Integration von "Teamplayern" geachtet werden

---

Konkrete Handlungsanregung

Lassen Sie jeden neuen Mitarbeiter, bevor sie ihn einstellen, auch vom Team "unter die Lupe nehmen". Besprechen Sie sogar Bewerberdossiers oder zumindest Auszüge daraus gemeinsam im Team. Wenn Kandidaten eingeladen werden, müssen diese dem Team "Rede und Antwort stehen", was auch den Auswahlentscheid untermauert und Inkompatibilitätsrisiken reduziert. Wenn das Team sogar beim Einstellungsentscheid ein Mitspracherecht hat, fördert dies die Teamstärke und die Teamoptimierungschancen ausserordentlich stark.

Business as unusual: Frischen Wind von aussen

Ausgangslage

Ein Betrieb ist im Allgemeinen, je nach Branche und Unternehmenskultur, ein in sich geschlossenes Ganzes mit wenig Öffentlichkeitspräsenz. Umso wichtiger ist es, externe Meinungen, neue Haltungen, interessantes Know-how und kritische Perspektiven in den Betrieb zu holen.

Motivationswirkung

Frischer Wind von aussen belebt die Arbeit, bringt Abwechslung in den Geschäftsalltag und kann Anregungen und neue Sichtweisen für die Identifikation mit dem Betrieb und die eigene Arbeit bewirken. Vor allem aber zeigt dies Aufgeschlossenheit und Öffnung gegenüber externen Menschen, Trends und Einflüssen.

Konkrete Beispiele im Betriebsalltag

- Grosskunde einladen, über seine Produkterfahrungen zu berichten
- Referenten holen, der sich in gewissen Aspekten kritisch mit Ihrem Produkt oder Ihrer Dienstleistung auseinandersetzt
- Tag der offenen Tür organisieren, an dem nur Freunde und Familienmitglieder sich den Betrieb anschauen
- Fachleute gewinnen, die über ein "Thema des Monats" wie z.B. Wellness, Technologien, Reisen berichten
- Als Jahresveranstaltung eine regional ansässige, talentierte Musik- oder Theatergruppe einladen
- An einer Betriebsfeier einen Komiker oder Satiriker einladen, der sich kritisch mit Betrieb oder Branche auseinandersetzt

---

Konkrete Handlungsanregung

Laden Sie jedes Vierteljahr einen "Gast des Quartals" ein, der durchaus sehr kontroverse, kritische neue und andere Meinungen und Haltungen politischer, wirtschaftlicher und kultureller Art vertreten kann. Lassen Sie die Mitarbeiter aus Vorschlägen abstimmen und führen Sie anschliessend Podiumsdiskussionen durch, bei denen Vertreter des Managements und am Thema interessierte Mitarbeiter anwesend sind.

"Welcome Days" für neu eintretende Mitarbeiter

Ausgangslage

Neueintretende Mitarbeiter bringen immer einschneidende Veränderungen in den Betriebsalltag, und zwar für den Betreffenden, das Team und den Betrieb. Von Veränderungen betroffen sind Aufgaben, Arbeitsklima, Konkurrenzängste und mehr.

Motivationswirkung

Den ersten Tag für beide Seiten positiv, locker, informativ und sympathisch zu gestalten, ist von grosser Bedeutung, denn auch hier ist der erste Eindruck oft entscheidend. Ein gelungener Beginn entkrampft, baut Vorurteile ab und gibt besonders Neueintretenden den wichtigen Eindruck, willkommen zu sein.

Konkrete Beispiele im Betriebsalltag

- Porträts aller Neueintretenden im Intranet
- Personenporträt in Mitarbeiterzeitschrift mit Foto
- Vorstellung im Betriebsrundgang mit ganzem Team
- Bestimmung eines "Göttis" als Ansprechperson und Betreuer
- Einführungsplan erstellen und Zwischengespräche führen
- Lob, Anerkennung aussprechen und Erfolgserlebnisse bieten
- "Welcome Package" mit Unterlagen und Informationen

Konkrete Handlungsanregung

Alle zwei Monate können neu eintretende Mitarbeiter gemeinsam als Gruppe vorgestellt werden. Dabei werden alle Mitarbeiter oder bestimmte Abteilungen eingeladen, sich und Ihre Aufgabe im Betrieb den Neuen vorzustellen und darüber zu berichten, woran sie gerade arbeiten und wo die Bezugspunkte für die Neueingetretenen liegen. Dazu sollten Arbeitsproben und Beispiele zum Anfassen gehören. Die Neueingetretenen ihrerseits stellen sich persönlich aus einer bestimmten Perspektive vor, zum Beispiel: "Mein Charakter, meine Hobbys und Interessen und weshalb ich hierhergekommen bin und gerne mit euch zusammen arbeite".

Mitarbeiterklausuren fernab des Geschäftsalltages

Ausgangslage

Im Betrieb hält man sich in Sitzungsräumen auf, sitzt oft stundenlang vor dem PC und wandert durch altbekannte Korridore und Räumlichkeiten. Um den Stellenwert von Neuerungen oder sonstigem Brainwork zu erhöhen, können Mitarbeiterklausuren ausserhalb sehr motivierend sein.

Motivationswirkung

Ereignisse, Meetings und Veranstaltungen ausserhalb der Firmenräume lockern auf, geben eine besondere Bedeutung und wirken nur schon infolge der Abwechslung inspirierend und teamfördernd.

Konkrete Beispiele im Betriebsalltag

- Ein zurückliegendes Geschäftsjahr kritisch reflektieren
- Team und Zusammenarbeit reflektieren und verbessern
- Strategien und Ziele besprechen und hinterfragen
- Neues lernen und vertiefen und in Workshops trainieren
- Motivations- und Teamprobleme offen aussprechen und erörtern, allenfalls unter fachkundiger, externer Begleitung
- "Chropfleerete": Alles auf den Tisch bringen, was stört, hemmt, demotiviert und Freude an der Arbeit beeinträchtigt.

Konkrete Handlungsanregung

Erstellen Sie eine Liste möglicher, aus Ihrer Sicht wichtiger Klausurthemen mit gemischten Themen (Innovation, Leistung, Zusammenarbeit, Planung, Personalentwicklung). Lassen Sie dann die Mitarbeiter der Abteilung oder des Betriebes in einer Befragung entscheiden und diese aktiv an der Organisation mitarbeiten und mitdenken (Hotelreservierung, Wahl des Ortes, eventuelle Referenten-Einladung, Ablauf und Traktanden usw.). Werden Mitarbeiter von Beginn weg konsequent einbezogen, stärkt man die Motivation und das Engagement für solche Klausuren. Auch hier ist wieder Symbolhaftes wichtig: Die Landschaft oder Wahl des Hotels oder Referenten kann ein Ziel oder wichtiges Anliegen symbolhaft veranschaulichen und vertiefen. Beispiel: Beim Thema Innovation lädt man einen prominenten Querdenker als Referent ein.

Jahres-Themen unter einem bestimmten Motto

Ausgangslage

Wir leben in einer schnelllebigen und von Modeerscheinungen geprägten Zeit, in der das, was heute gilt, morgen bereits wieder out ist. Dies gilt auch für Unternehmen und die Wirtschaft als Ganzes. Schwerpunkte, Jahresthemen, Leitprojekte können hier Gegensteuer geben.

Motivationswirkung

Was während eines ganzen Jahres zum Schwerpunkt erklärt wird, vertieft sich, wird verinnerlicht und regt zum Nachdenken und Handeln an. Dies hat eine starke Motivationswirkung und ist auch dazu angetan, Verhaltensänderungen zu bewirken, wenn die Aktivitäten interessant und vielseitig geplant werden.

Konkrete Jahresthemen-Beispiele

- Packen wir es an: Change-Management und Innovation
- Gelebte Kundenorientierung und Serviceleistungen
- Das Jahr des Lernens und Sich-Weiterentwickelns
- Die Unternehmensverfassung: Entwicklung eines Leitbildes
- Diversity: Ausländische Mitarbeiter und andere Kulturen
- Technologie im Dienste von Mitarbeitern und Unternehmen

Konkrete Handlungsanregung

Nehmen wir an, Sie machen aufgrund der strategischen Ausrichtung Ihres Unternehmens Innovation zum Jahresthema. Dazu planen und organisieren Sie Aktivitäten, die das Ziel haben, die Innovationsfähigkeiten und die Chancenwahrnehmung zu fördern:

1. *Entsprechende Personalentwicklungs-Massnahmen*
2. *Aufbietung mehrerer externer Referenten und Fachleute*
3. *Zeitschriften und Bücher-Angebote zu diesem Thema*
4. *Angehen mehrerer Innovationsprojekte mit Coaches*
5. *Modernisierung des Prämien- und Vorschlagsystem*
6. *Auszeichnung von realisierten Innovationen*
7. *Unterstützung eines innovativen sozialen Projekts der Region*
8. *Innovation intern: Prüfung von neuen Arbeitszeitmodellen*

Sozialleistungen bewusst und bekannt machen

Ausgangslage

Der Grundsatz der Public Relations "Tue Gutes und rede darüber" gilt auch für sämtliche Massnahmen, die für Mitarbeiter zur Förderung der Zufriedenheit und Motivation, z.B. auch im Bereich der Sozialleistungen, ergriffen werden.

Ebenen der Kommunikation

Die Personalabteilung und alle Führungskräfte müssen umfassend und aktuell informiert sein, um auch bei persönlichen Problemen richtig informiert reagieren zu können. Ferner sollten alle Kommunikationsinstrumente genutzt und auch an selbstverständlich gewordene Leistungen erinnert werden.

Möglichkeiten der Kommunikation und Information

- Konkrete Fallbeispiele in der Mitarbeiterzeitschrift
- Gesamtübersicht am Anschlagbrett
- Gelegentliche Beilage bei Lohnabrechnungen
- Informationsveranstaltungen zu aktuellen Themen
- Aufwand und materiellen Wert bekannt machen
- Anonym zugängliches Dokumentationsmaterial HR-Abteilung

Konkrete Handlungsanregung

Informationsveranstaltungen zu aktuellen Themen

Sozialleistungen und Dienstleistungen allgemeiner Art können auch in interessante Informationsveranstaltungen eingebunden, bzw. als Aufhänger dafür benutzt werden. Dabei dürfen bzw. sollten ohne weiteres auch heikle Themen aufgegriffen werden, wie Burnout, Depressionen, Suchtkrankheiten, Probleme alleinerziehender Elternteile usw. Im Vorfeld können Mitarbeiter über das Thema informiert werden. Dann werden Websites zum Thema bekannt gegeben, anhand derer man sich mit dem Thema vertraut machen kann. Dann kann ein Informationsabend mit einem Referenten folgen, der Berater, Arzt oder wissenschaftlicher Experte ist. Anschliessend stellt das Unternehmen vorhandene, allenfalls neue oder aktuell überarbeitete Dienstleistungen zum behandelten Thema vor. So wird eine wesentlich bessere Nachhaltigkeit erzielt.

Motivationsideen in Kürze

Anregungen für Führungskräfte

"Es gibt nichts Gutes, ausser man tut es", meinte Erich Kästner zu Recht. Oder was für den Privatbereich ebenso zutreffend gesagt wird: "Es sind die kleinen Dinge, die die Freundschaft erhalten": Es sind auch die kleinen Aufmerksamkeiten, Ideen, Rituale, Reaktionen und Überraschungen, welche die Motivation von Mitarbeitern im Unternehmen erhalten und stärken.

Die nachfolgenden Anregungen sind spezifische Möglichkeiten genau solcher kleinen Dinge mit Motivationswirkung, die aus den Thesen, Erkenntnissen und Ausführungen zu Beginn des Buches abgeleitet sind und die vertretenen Meinungen umsetzen. Gewicht wurde dabei auch auf Massnahmen und Anregungen gelegt, die kein grosses Budget erfordern, sondern eher an Fähigkeiten und Sozialkompetenzen von Führungskräften und eine Unternehmenskultur mit Respekt vor und Verantwortung für den Mitarbeiter appellieren.

Gratulations-Abendessen mit Lebenspartner

Der Einbezug von Lebenspartnern und Kindern ist je nach Situation und Anlass empfehlenswert, um damit auch das Verständnis für berufliche Belange zu fördern und den Stolz auf Leistungen und Erfolge für den Mitarbeiter im Familienkreis zusätzlich zu stärken. Dies kann ein Abteilungsleiter oder ein Geschäftsleitungsmitglied machen oder beide zusammen. Kulinarische Präferenzen eines Lebenspartners in Erfahrung bringen und dabei beiden ein symbolträchtiges Geschenk zu überreichen, kommt zusätzlich gut an.

Der Vorgesetzte, der mit anpackt

Ein Geschäftsleitungsmitglied im Call Center oder der Marketingleiter draussen an der Verkaufsfront. Ein solcher Rollenwechsel kann spontan erfolgen, eine besondere Leistung honorieren oder eine verlorene Wette aus einer Betriebsfeier sein – Spass und Stimmung sind auf jeden Fall garantiert.

Ein das Ferienziel symbolisierendes Geschenk

Für Mitarbeiter, die nach Thailand reisen, einen Essensgutschein für ein thailändisches Restaurant, für Italienreisende eine Spaghetti-Garnitur oder jene mit den USA als Destination eine Elvis Presley-CD – es gibt zahlreiche Möglichkeiten, mit einem solch individuellen Geschenk schöne und erholsame Ferien zu wünschen und zu beweisen, dass man ganz persönlich an jemanden dachte und auch handelte.

Ein kleines "Habe soeben an Sie gedacht"

Sie kennen die Hobbys eines Mitarbeiters und entdecken eine ausgezeichnete Website dazu oder wissen, dass ein Mitarbeiter gerade Nachwuchs erhalten hat und stossen auf einen Artikel über neue Erkenntnisse in der Babynahrung. Ein "Habe soeben an Sie gedacht, dass Sie das interessieren könnte, alles Gute Ihr ...." per E-Mail oder per Post-it-Notiz braucht wenig aber bewirkt viel.

Nach einer Stress-Woche: Sauna- oder Massage-Gutschein

Nach einer Stressphase wie Überstunden, Ausführung eines Grossauftrages unter Termindruck oder Abschluss eines erfolgreichen Projektes kommt ein Gutschein für eine entspannende Aktivität gut an – für eine Sauna, eine Massage, ein Fitness-Center, Entspannungsöle oder gar ein Wochenende in einem Wellness-Hotel.

Einladung zur Geschäftsreisen-Begleitung

Sie reisen demnächst nach Rom oder Paris und haben eine Sekretärin, einen Assistenten oder einen Mitarbeiter, den Sie schon lange mal mit mehr als einem Blumenstrauss oder einem Einkaufsgutschein überraschen möchten. Dann sind ein Flugticket und die Begleitung während einer Geschäftsreise eine besondere Aufmerksamkeit und gelungene Überraschung.

Ein Führungs- und Motivations-Tagebuch führen

"Lob nach Agenda" ist hier nicht die Meinung. Vielmehr sollten Sie alle Massnahmen, Äusserungen, Ideen und Aktivitäten, mit denen Sie die Motivation Ihrer Mitarbeiter steigern und die Stimmung verbessern, in einem Tagebuch festhalten. Und zwar, was Sie machten und welche Resonanz dies fand. So können Sie einen motivierenden Führungsstil konditionieren und des Öfteren auch reflektieren und erkennen, welche Massnahmen besonders gut ankommen und wirken.

Das ist Ihr Talent – und damit können Sie mir helfen

Nur weniges ist so motivierend, wie Talente nutzen und unter Beweis stellen zu können. Und kaum etwas anderes erfüllt Mitarbeiter mit derartigem Stolz, als zeigen zu können, dass sie etwas ganz Bestimmtes am besten – besser als ihr Vorgesetzter können – darin wahre Meister sind. Machen Sie es deshalb zur Gewohnheit, Kerntalente von Mitarbeitern zu erkennen und zu nutzen, sie dabei um deren Hilfe zu bitten und explizit zu sagen, dass Sie dies wissen und ganz besonders schätzen.

Management by walking around

Machen Sie es sich zur Gewohnheit – inklusive Geschäftsleitung – ein Mal pro Monat durch alle Abteilungen zu gehen und mit den Mitarbeitern zu reden, sich für deren Arbeit zu interessieren und erfahren, wo der Schuh drückt. Damit werden zwei Effekte erzielt: Das frühe Erkennen von Problemen und die zum Ausdruck kommende Wertschätzung der erbrachten Leistungen durch das Management. In diesem Zusammenhang interessant zu wissen: Ob Mitarbeiter im Job ihr Bestes geben, hängt in hohem Grade auch von Gewissheit ab, dass sich die Unternehmensführung für das Wohlergehen von Mitarbeitern interessiert. Das ist eines der Kernergebnisse einer Online-Umfrage unter 4000 Angestellten zum Thema "Engagement am Arbeitsplatz", welche die internationale Beratungsgesellschaft Towers Perrin durchführte.

Anregungen für den Betriebsalltag

"Pressekonferenz" für Neueintretende

Dass auf das Pult eines neu eintretenden Mitarbeiters ein Blumenstrauss gehört, dürfte an vielen Orten bekannt sein. Eine weniger bekannte Möglichkeit besteht darin, den Neueintretenden zu einem besonderen "Star" zu machen, indem er an einer Pressekonferenz ähnlichen Veranstaltung künftigen Kolleginnen und Kollegen Rede und Antwort steht und jemand noch Fotos für die Website und Mitarbeiterzeitschrift macht.

Eine Website für "Happy Events"

So kann eine ganze Abteilung einem Mitarbeiter zu einem erfreulichen Ereignis gratulieren – dem Diplomabschluss, dem Bestehen der Probezeit oder Nachwuchs und Hochzeit im Privatbereich. Eine solche Website kann dauernd belassen und auch privat gezeigt werden.

Abteilungs-Wettbewerb für "Foto des Monats"

Während eines ganzen Monats findet ein Fotowettbewerb zu einem ganz bestimmten Thema statt, welches mit Vorteil einen Bezug zum gewürdigten Erfolg oder der erbrachten Leistung hat. Beispiel: Beim Einzug in ein neues Gebäude ein Fotowettbewerb zum Thema, welcher Mitarbeiter in der entspanntesten Pose am besten fotografiert wird.

You did a great job

Per SMS oder per E-Mail im Anschluss an eine erfolgreiche Sitzung mit einem besonders engagierten Mitarbeiter: "Ihr Input beim Meeting war

Klasse" oder "Gratulation zur Super-Präsentation". Manchmal sind es auch neue Medien oder überraschende Kommunikationsträger, welche einem Lob ein andersartiges oder besonderes Gewicht verleihen können.

Der Mitarbeiter-Aktien-Index

MAX ist das Kernelement eines Mitarbeitermotivationskonzeptes von Klaus Kobjoll, dem Autor des Buches MAX, dem "Mitarbeiter-Aktien-Index". Jedem Mitarbeiter wird an seinem ersten Arbeitstag ein Wert von 1.000 Pixel mittels einer so genannten Ich-Aktie zugeschrieben. Die Mitarbeiter selbst beurteilen ihre eigene Arbeitsleistung – und somit ihren Gewinn für das Unternehmen. Geprüft werden unterschiedliche Faktoren: So sinkt der Kurs der Ich-Aktie z.B. bei unpünktlichem Erscheinen am Arbeitsplatz und bei überdurchschnittlichen Absenzen. Positiv auf den Kurswert wirkt sich indes eine besonders kollegiale Hilfe oder eine wirksame Kundenservice-Idee aus.

Für eingereichte Ideen erhält der Mitarbeiter eine bestimmte Anzahl Punkte gutgeschrieben, die seinen "Aktienwert" steigen lassen. Jede umgesetzte Idee bringt dem Mitarbeiter fünf Pixel ein. Der Stand der Aktie lässt sich auch mit Weiterbildungsmassnahmen positiv beeinflussen, wie einer Gutschrift von zehn Pixel pro absolviertem Seminartag. Die spielerische Ausrichtung von MAX wirkt auf die Mitarbeiter motivierend und hat den Vorteil, Motivation bewusster werden zu lassen und sich permanent aktiv und selbstkritisch mit ihr auseinanderzusetzen. Darüber hinaus kann MAX auch als Instrument für die eigene berufliche Qualifizierung und Weiterentwicklung betrachtet und eingesetzt werden.

Soziales Engagement

Ein Unternehmen, welches sich sozial engagiert, beweist ethische und über das Wirtschaftliche hinaus gehende Verantwortung und erzielt damit ein hohes Mass an Glaubwürdigkeit, welche über den Betrieb hinausgeht. Man kann ein Entwicklungsland wählen, eine Naturkatastrophe als Anlass nehmen, ein produktnahes gemeinnütziges Gemeinschaftsprojekt unterstützen oder in der Region einer karitativen Organisation spenden. Verdoppeln Sie den von Mitarbeitern gespendeten Betrag und wählen Sie weitere Aktivitäten rund um das Thema (Vortrag eines Externen, Buchempfehlungen, Beitrag in Mitarbeiterzeitschrift, Presseschau zum Thema, Diskussionsrunden im Betrieb).

Wellness-Monat

Das Gesundheitsbewusstsein hat stark zugenommen und die Gesundheit im Betrieb ist aus verschiedenen Gründen ein ernst zu nehmendes

und wichtiges Thema. So kann man Monate einem bestimmten Ge-
sundheits-Thema widmen (Entspannung, Vitaminversorgung, Heilpflan-
zen, alternative Medizin, Atmung) und dieses auf unterschiedliche Weise thematisieren (Einladung von Experten, entsprechende Nahrung wie
Früchte und Vitaminhaltiges spendieren, Buchempfehlungen abgeben,
Spezialausgabe der Mitarbeiterzeitschrift produzieren, Gutscheine für
Entspannungs-Aktivitäten verlosen, Erfahrungsberichte von aktiv ge-
wordenen Mitarbeitern, gemeinsamer Besuch eines Fitness-Centers).

Die Shabby-Look oder Business-Look-Modeschau

Wer schafft es, an einem Tag mit den abgetragensten Kleidern arbeiten
zu kommen, den originellsten Freizeit-Look oder den elegantesten
Business-Look hinzukriegen? Preise zu vergeben und eine Fotogalerie
zu initiieren sorgt für Stimmung und zeigt Menschen plötzlich von einer
unbekannten, neuen Seite.

Relax-Raum einrichten

In vielen Firmengebäuden ist ein Raum zu finden, der selten oder nie
benutzt wird. Hier kann ein Relax-Raum mit Rückzugsmöglichkeiten bei
Stress und für kurze Entspannungsphasen geschaffen werden. Ein
Stressabbau-Sack, eine palmenähnliche Pflanze und eine Hängematte
verstärken den optischen Erholungseffekt.

Feedback-Wirkung spürbar machen

Auch so kann man Abwechslung in eine Sitzung bringen: Organisieren
Sie einige nasse Schwämme und einige Blumen. Nun werden alle Personen, die positive, konstruktive und weiterführende Feedbacks abgeben, mit dem Zuwerfen einer Blume belohnt und auf negatives, nör-
gelndes oder abblockendes Feedback wird mit einem nassen Schwamm
reagiert. So wird zum einen eine ausgelassene und heitere Stimmung
erzeugt und zum anderen bewirken die symbolhaften Handlungen ein
Bewusstmachen von Feedbacks.

Fussball- oder Freizeitpark-Ticket

Ein Mitarbeiter mit Kindern musste in den letzten Tagen einige Abende
Überstunden machen. Dies hatte zur Folge, dass sein Sohn oder seine
Tochter den Vater selten zu Gesicht bekam. Warum soll das Dankeschön nicht auch mal einem Kind gelten? Bringen Sie durch seine Ehefrau das Hobby seiner Kinder in Erfahrung, organisieren Sie Sport-,
Kindertheater- oder Freizeitpark-Tickets für die ganze Familie mit einer
Karte: "Weil wir Ihren Ehemann und Euren Vater in den letzten Tagen
gar arg in Beschlag nahmen, hier ein Dankeschön von uns für ein ver-
gnügliches Wochenende".

Lernchancen bieten

Neues lernen und entdecken, ist für viele motivierend. Deshalb sollten Mitarbeitern solche Lernmöglichkeiten geboten werden und nach Abschluss von Projekten öfters nach dem Gelernten oder dem zu erwartenden Lerngehalt gefragt werden. Auch in einem Team kann die Fragestellung "Was haben wir alle eigentlich aus diesem Projekt gelernt?" eine motivierende Methode sein.

"Personenkult" in Mitarbeiterzeitschriften erlaubt

Machen Sie Mitarbeiterzeitschriften, Schwarze Bretter und Betriebs-News zu Plattformen, bei denen Mitarbeiter als Menschen im Mittelpunkt stehen. Dies fördert den Teamgeist und die Identifikation. Konkrete Möglichkeiten sind: Geburtstage, Projektabschluss-Gratulationen, Jubiläen, Pensionierungen, Portraits neu eingetretener Mitarbeiter oder Vorstellungen in Interviewform durch Abteilungskolleginnen und -kollegen, private Ereignisse wie Nachwuchs und Hochzeit, Diplome und Ausbildungsabschlüsse, den Teamgeist belegende Geschichten aus Abteilungen, Hobby-Beiträge von "Mitarbeitern als Reporter", Ferienerzählungen usw.

Special Days: Interessante Thementage

Special Days sollen sich einem Thema widmen, das mit Beruf und Leistung nichts zu tun hat, sondern den Fokus bewusst auf unterhaltende, kulturelle, humorvolle Aspekte richtet. Diese Special Days können einem Musiker, Schauspieler, Jahrestag oder einer Persönlichkeit gewidmet sein, die im Zusammenhang mit dem Charakter des Unternehmens stehen. Verschiedene Aktivitäten untermalen dies: Poster, Produkte, Referate, Workshops, Arbeiten von Mitarbeitern, Dokumente, DVD's zum Ausleihen und mehr.

Den freien Nachmittag geniessen

Flexible Arbeitszeiten benötigen nicht immer hochkomplexe Arbeitszeitmodelle. Manchmal sind es kleine Gesten von Grosszügigkeit mit Überraschungseffekt, die ihre Wirkung ebenso nicht verfehlen. Hat Ihre Sekretärin an einem schönen Sommertag eine wichtige Arbeit schnell und qualitativ sehr gut abgeschlossen, gönnen Sie ihr doch einen freien Nachmittag oder zumindest früheren Feierabend: "Sie haben da eine tolle Arbeit abgeliefert, die mir sehr hilft. Sie verdienen es deshalb, den Nachmittag heute frei zu nehmen und die Sonne zu geniessen".

Wohltätigkeits-Abend

Einmal im Jahr wählen alle Teams und Abteilungen eine Form der Hilfe und Unterstützung, bei der sie ihre soziale Verantwortung unter Beweis stellen. Sie begründen ihren Entscheid (Unterstützung eines Entwicklungsprojektes, Spenden an medizinische Forschungsgruppen, Spielplatz-Einrichtung im Waisenhaus der Region) gemeinsam. Dabei trägt die Geschäftsleitung jeweils mit einem finanziellen Zuschuss zum Erfolg und Sicherstellen der Projekte bei.

Einladungen auch an ehemalige Mitarbeiter

Laden Sie zuweilen Pensionierte oder langjährige und verdienstvolle Mitarbeiter auch an Ausflüge oder Betriebsfeste ein. Damit wird nämlich auch bestehenden Mitarbeitern signalisiert, dass Sie Betriebstreue würdigen und man auch beim Weggang nicht in Vergessenheit gerät.

E-Bay für den Betrieb und Ihre Mitarbeiter

Die Online-Auktionsplattform E-Bay erfreut sich grösster Beliebtheit. Ulkigste und ungewöhnlichste Sammlergegenstände, Dinge aus Grossmutters Estrichkiste, Bücher, Software und Produkte des Alltages werden angeboten. Eine solche Plattform lässt sich im Kleinen in einer einfachen Form auch für Ihren Betrieb erstellen. Ein solches Angebot ist sehr auflockernd, stärkt das Gemeinschaftsempfinden und gibt manch interessanten und humorvollen Gesprächsstoff – mit kleinen Einblicken in die Präferenzen und Hobbys von den im Betrieb arbeitenden Menschen.

Stresshilfe-Set für Entspannung

Es gibt Mitarbeiter und Abteilungen, die oft unter starkem Stress stehen. Ein symbolisches Stresshilfe-Set kann in Stress-Spitzenzeiten" für Abhilfe und Entspannung sorgen und zum Beispiel Kaugummi, eine DVD mit Entspannungsmelodien, ein Maskottchen und entspannende Spezialzusätze für Luftbefeuchtungsgeräte enthalten.

Walk & Talk Anlässe

Quartalsweise oder wann auch immer wird nach dem Feierabend ein einstündiger Ausflug organisiert, bei dem man während eines lockeren Spaziergangs mit aussenstehenden Gruppen von Marktteilnehmern wie Lieferanten, Grosskunden, Beratern, Familienangehörigen, Dienstleistern, Händlern usw. ungezwungen ins Gespräch kommt. Ein Zvieri auf einem Bauernhof oder eine anschliessende Weindegustation und einem Referat, das einem speziellen Thema gewidmet sein kann, rundet ein solches, das Zusammengehörigkeitsgefühl und die Kommunikation stärkendes Happening auf sympathische Weise ab.

Kader-Retraiten – aber mit Ideen

Von symbolträchtigen Ereignissen und Ideen begleiteten Klausuren und Retraiten haben eine erhebliche Motivationswirkung, lockern auf und stärken das Zusammengehörigkeitsgefühl. Solche Veranstaltungen können von sehr ausgefallenen und ungewöhnlichen Events begleitet werden wie Teilnahme an einem Kletterkurs, Einblick in eine Clown-Werkstatt, Probelektion in einem Selbstverteidigungskurs, Lagerfeuer-Camping, zwei Stunden Mitarbeit auf einem Bauernhof und dergleichen mehr.

Foto-Safari im Betrieb

Schnappschüsse von Mitarbeitern in lustigen Situationen, Fotos aus Betriebsfesten und Partys oder während einer Woche eine Betriebsfoto-Safari schafft Erinnerungen. Solche Fotos können in Mitarbeiterzeitschriften und im Intranet publiziert werden, Fotogalerien neben Anschlagbrettern und Wandkalender mit den originellsten Fotos für Mitarbeiter oder gar ein Foto-Wettbewerb sorgen für zusätzliche Stimmungsmomente und Auflockerung.

Work-Life-Balance-Tag

Ziehen Sie sich mit Ihren Mitarbeitern in die Natur zurück und machen Sie sich gemeinsam Gedanken zur Harmonisierung von Privat- und Berufsleben. Welches sind die Bedürfnisse der Mitarbeiter, was kann verbessert werden, worauf wird besonderer Wert gelegt? Eventuell können sogar noch die Lebenspartner eingeladen werden und ein Fachmann kann zur Eröffnung ein interessantes Referat zum Thema halten. Bieten Sie zur Vorbereitung Literatur, Fachartikel und Websites zum Verständnis des Themas.

Kein Tag ohne Lachen

Vor Jahren führte eine amerikanische Grossbank mit Erfolg einen ganz simplen "Monat des Lachens" durch. Mitarbeiter wurden ermuntert, sich jeden Tag einen Witz zu erzählen, sich mit einer Anekdote aufzuheitern, eine Karikatur mitzunehmen oder im Internet zu zeigen oder ein lustiges Freizeiterlebnis zu erzählen. Die Stimmung lockert sich auf und entspannt sich und die Arbeitsmoral und die Zusammenarbeit verbessern sich spürbar. Es ist auch wissenschaftlich nachgewiesen, dass Lachen zahlreiche, höchst positive Auswirkungen in psychischen, physischen und sozialen Bereichen haben.

Kinder-Tag im Unternehmen

Bei Kindertagen dürfen Kinder einen Tag lang in den Betrieb kommen, in dem ihr Vater bzw. ihre Mutter arbeitet. Dies bringt einen wichtigen Privatbereich Mitarbeitern gegenseitig näher, Kinder lernen die Arbeitswelt ihrer Eltern kennen und es werden neue Interessen und Gesprächsstoffe geschaffen.

Klagemauer

Diese Einrichtung, an die Personalabteilung Anliegen zu richten, die man in der Abteilung oder dem Vorgesetzten aus verschiedensten Gründen nicht mitteilen möchte, kann auf ein grosses Bedürfnis stossen und auch Unzulänglichkeiten zu Tage bringen. Diese Möglichkeit sollte anonym nutzbar sein, sich an Vertrauenspersonen richten und sämtliche Problembereiche, wie Vorgesetztenverhältnis, Teamprobleme, Privates, Fragen zur Karriere und Entwicklung usw. umfassen.

Kleine Gesten mit grosser Wirkung

Blumenstrauss nach Hause

Ihr Assistent muss schon seit mehreren Wochen jeden zweiten Abend Überstunden leisten und vernachlässigt dadurch seine Ehefrau arg. Ein Blumenstrauss mit einer Dankes- und Verständnis-Karte kostet nicht viel, kann aber Wunder – und Verständnis – bewirken.

Erholungs-Grüsse an den Ferienort

Eine SMS oder E-Mail an den Ferienort eines Mitarbeiters, eventuell mit einem offerierten Abendessen verbunden und der ganz einfachen Frage, wie schön und erholsam die Ferien sind und ob alles in Ordnung ist, kommt als unerwartete Aufmerksamkeit bestimmt gut an.

Abendessen mit der Geschäftsleitung

Als Aufmerksamkeit und Gratulation zum Abschluss eines erfolgreichen und wichtigen Projektes signalisiert die Wertschätzung und zeigt auch dem miteingeladenen Lebenspartner, wie sehr die Leistungen im Geschäft honoriert werden und über welch gute Stellung der Partner verfügt.

Konzert-Ticket für den Lieblingssänger

Wer sich auch für die privaten Hobbys seiner Mitarbeiter interessiert, kann Dankeschöns und Anerkennungen auch auf nichtbetrieblicher

Ebene aussprechen. Überraschen Sie doch einen Mitarbeiter mit zwei Konzert- oder Musical-Tickets: "Ich weiss, wie sehr Sie die Musik von Phil Collins mögen. Mit diesen beiden Tickets möchte ich mich für Ihren besonderen Einsatz in den letzten zwei Wochen ganz herzlich bedanken. Geniessen Sie diesen Abend – und die besten Wünsche und Grüsse an Ihre Freundin".

Mit einem Junior- oder Senior-Status zu Ansehen

Neben den formalen Statuswirkungen, die durch Beförderungen erreichbar sind, wirken auch besondere Jobtitel motivierend für manche Menschen, z.B. Mitarbeiter des Monats, Untergliederung der Stellenbezeichnungen in Junior- und Senior-Variante Auch die Verantwortung für ein exponiertes Projekt wird positiv als Verbesserung des Status empfunden. Doch Statusmittel sollten mit anderen Massnahmen kombiniert und eher zurückhaltend und auf Naturell und Persönlichkeiten ausrichtet eingesetzt werden.

Meeting-Thema: Heute mal ganz anders...

Überraschen Sie Ihre Mitarbeiter bei einem Meeting am letzten Tag einer Arbeitswoche mit einem nicht geschäftlichen, ungewöhnlichen, aber interessanten Thema. Die Ferienziele, spannende Hobbys, ein aktuelles oder ein psychologisches Thema lockert auf, zeigt Mitarbeiter und Sie von neuen, unbekannten Seiten und ermöglicht einen hilfreichen und anregenden Erfahrungsaustausch.

Anti-Stress-Mittel zur Entspannung

Überraschen Sie Ihre Mitarbeiter doch während hektischer Stunden oder Tage und stressbelastenden Phasen mit kleinen Aufmerksamkeiten zwischendurch: Orangensäfte, Vitamindrinks, Früchteschalen und ähnlichen Muntermachern. Dies zeugt von Aufmerksamkeit und ist ein konkreter Beitrag zu Gesundheit und Entspannung.

Einkauf ist schon erledigt

Ihr Mitarbeiter arbeitet bis spät in den Abend oder hat schon einige Arbeitstage mit Überstunden hinter sich und ist Single. Beauftragen Sie doch ihre Assistentin, in einem der Online-Shops der Grossverteiler für ihn einen kleinen Einkauf durchzuführen und senden Sie ihm dann ein E-Mail: "Für Ihren tollen Einsatz und die vielen Überstunden vielen Dank. Wir haben für heute Abend das Einkaufen mit einem Lieferservice für Sie schon erledigt, lassen Sie sich zuhause überraschen!".

Ohne Sie wäre es nicht möglich gewesen

Ob es ein E-Mail an die Geschäftsleitung oder ein Konzept für das gesamte Betriebskader ist: Erwähnen und loben Sie darin den Mitarbeiter ausdrücklich, der entscheidend zum Erfolg beigetragen hat und lassen sie ihm eine Kopie des Schreibens zukommen mit einer kleinen Aufmerksamkeit und einem Dankeschön. Beispiel für eine Aussage in einem Projekt-Abschlussbericht: "Meine Assistentin Frau Marthaler hat mit ihrem Organisationsgeschick und Führungstalent wesentlich zum Erfolg dieses Projektes beigetragen".

Happening-Pausen

Muss die Pause immer derselbe Gang in die Cafeteria oder Kantine sein? Nein, durchaus nicht. Interessante Gäste und Themen können auch für Pausenabwechslung sorgen: Ein Bauer, der melkfrische Milch und neue Milchprodukte abgibt, ein Bäcker aus der Umgebung, der ofenfrisches Gebäck verteilt oder ein Gemüse- und Früchtehändler, der Neues zur Saison anbietet.

Pausen- und Verpflegungs-Service

Es kann einmal im Monat sein oder sogar definitiv eingeführt werden: Am Nachmittag Kaffee und Gebäck servieren lassen – mit Grüssen und Dank der Geschäftsleitung für das erfolgreiche erste Quartal. Diese Arbeit kann abwechslungsweise von Mitarbeitern übernommen werden, die Teil des eventuell gefeierten Anlasses sind.

Räume und Büros nach Mitarbeiternamen benennen

Wir haben in diesem Buch mehrmals betont, dass Spass und Humor ein nicht zu unterschätzender Motivationsfaktor sind. Hier eine praktische Möglichkeit: machen Sie es wie Stadtverwaltungen und benennen Sie doch Sitzungs- und Aufenthaltsräume, Mitarbeiterbüros nach Namen von Mitarbeitern. Wenn Sie dann Ihre Assistentin Sandra Mosimann bitten, im nach ihr benannten Sandra-Mosimann-Raum" ein Meeting zu organisieren, erscheint eine solche Aufgabe wohl plötzlich in einem ganz neuen und anderen Licht.

Publikationen des besonderen Tages

Grössere Zeitungen bieten den Service, auch für weit zurückliegende Tage historische Ausgaben zu geben. Ob Jubiläum oder Pensionierung – wenn man einen Glückwunsch mit einem solchen Dokument verbindet, bekommt er eine originelle Note, besonders mit einem Zusatzvermerk wie: "Das besondere Ereignis, dass Sie an diesem Tag in unsere

Firma eintraten, wurde leider nicht gemeldet. Doch wir haben es nicht vergessen und freuen uns noch heute darüber..."

Kreativitätspreis: Narrenfreiheit

Es gibt einen Grosskonzern, der seinen besten Forschern völlige Freiheit lässt punkto Arbeitszeit, Kleidung, Arbeitstempo usw.. Auch Sie können einmal pro Monat oder auch nur für eine Woche einen Kreativitätspreis so vergeben, dass der/die betreffenden Mitarbeiter eine solche Narrenfreiheit nutzen darf. Die Art und Weise, wie dies gemacht wird, ist dann sogar noch spannender Stoff für die Mitarbeiterzeitschrift oder das Intranet.

Gratulation zur Geburt eines Kindes

Die Geburt eines Kindes gehört zu den grossen Ereignissen im Leben eines Ehepaares. Wenn dies auch Ihr Unternehmen in einer ungewöhnlichen und sich dessen bewussten Form zum Ausdruck bringt, ist dies ein wesentlicher Motivationsbeitrag. Konkrete Möglichkeiten: Zwei Freitage – Website-Gestaltung für das Baby – Babypflegeartikel gesammelt in einem Baby-Tragekorb als zusätzliches Geschenk – Gutschein für einen Babysitter – Jahres-Gutschein für Pampers – Horoskop des Kindes in Form eines Zertifikates – Humoristische Einladung für Arbeit im Betrieb nach Eintritt ins Erwachsenenalter.

Massage-Woche mit Masseurin im Betrieb

Wellness liegt im Trend und auch in den Betrieben wird man sich der Bedeutung der Gesundheit und des Wohlbefindens immer bewusster. Ein Service der besonderen Art ist die Einladung einer diplomierten Masseurin, bei der sich interessierte Mitarbeiter kostenlos massieren lassen können.

Meeting an einem überraschenden, neuen Ort

Wenn Sitzungen schon Orte sind, an denen viele rein gehen und zuweilen wenig rauskommt, so kann man mit der Variation der Örtlichkeiten Abwechslung, Überraschung und eine interessante Symbolik reinbringen. Mögliche Orte: Terrasse, privater Gartensitzplatz, Picknick-Ort, Dach des Firmengebäudes, Meeting auf Boot oder Schiff.

Aufmerksamkeit scheinbar unbedeutenden Details widmen

Ein Top-Manager der IBM vertrat die Auffassung, dass die besten Führungskräfte sich in der Auseinandersetzung mit abstrakten Themen wie Visionen, Perspektiven und Strategien genauso wohlfühlen, wie mit kleinen Vorgängen im Alltagsverhalten von Ereignissen, Besonderheiten und Mängeln. Konkret: Bei welchen Details beweisen Sie Aufmerksamkeit für das Wohlergehen Ihrer Mitarbeiter? Neue Bürostühle, ein Ventilator, ein neues Arbeitsinstrument, ein Orangensaft bei einer Erkältung, früherer Feierabend bei Krankheit eines Kindes, Taxigutschein für Mitarbeiter, der sich unwohl fühlt – es gibt viele Gelegenheiten für kleine aber sehr wirksame und nachhaltige Aufmerksamkeiten.

Belohnung und Anerkennung

Was wären wir ohne Sie...

Gehen Sie einmal mit Ihrer Assistentin auswärts in ein Café und sagen Sie ihr, was Sie oder Ihre Abteilung ohne ihre unermüdliche Mithilfe, ihr Organisationstalent und ihre Umsicht wäre – nur halb oder gar nicht so leistungsfähig. Das überrascht und wird so schnell nicht vergessen.

Buch mit Anerkennungs-Widmung

Wählen Sie ein Buch mit einem Zusammenhang zur erbrachten Leistung oder zum Thema der Wertschätzung und versehen Sie es mit einer Widmung, die konkretes Lob enthält. Beispiel: Bei einem IT-Projektabschluss eine Biografie über Bill Gates und eine Widmung "So wie andere Grossartiges erschaffen haben, war auch Ihr Projekteinsatz eine ganz tolle Leistung – dafür vielen Dank".

Das Dankeschön-Post-it mit Frühstück

Nach einer Abschlussarbeit bis tief in die Nacht am Vorabend, am nächsten Morgen ein Post-it auf dem Monitor "Vielen herzlichen Dank für den Supereinsatz – und en Guete" mit einem Mini-Frühstück auf dem Pult. Solche originellen Überraschungen bleiben nachhaltig in Erinnerung und sind Aufmerksamkeiten, die beweisen, dass gute Leistung erkannt und gewürdigt wird.

Abteilungs-Erfolg mit Symbolgeschenken feiern

Feiern und Anerkennungen mit Symbolgehalt haben eine besondere Wirkung. So können an einer Abteilungsfeier die Mitarbeiter mit Geschenken bedacht werden, die ihre Persönlichkeit und ihre Leistung symbolisieren. Für Kreative kann dies ein Malset sein, für besonders Einsatzfreudige ein Fitness-Center-Gutschein zur Kanalisierung von Energie und für jene mit besonders viel Humor und Optimismus-Beitrag eine Eintrittskarte für ein Kabarett.

Sie und Ihr Unternehmen leben von Kunden

Machen Sie es zur Regel, auf Kundenkomplimente und positive Kunde-
näusserungen dem sie verursachenden Mitarbeiter Feedback zu geben
und dies zu würdigen: "Unser Grosskunde Herr Müller von der Muster
AG hat mir gestern voll des Lobes über Sie gesagt, wie gut und kompetent er von Ihnen betreut wird. Ich schätze dies sehr und möchte
Ihnen dafür ganz herzlich danken".

Anerkennungs-Brief an die ganze Familie mit Kinokarten

Wenn auch der Lebenspartner, die Ehefrau und die Kinder von der
guten Leistung erfahren und sehen, wie sehr diese von Ihnen anerkannt wird, weckt dies bei den betroffenen Angehörigen gute Gefühle
und vor allem natürlich auch beim Mitarbeiter. Ein an die Ehefrau ge-
richteter Dankesbrief mit Kino- oder sonstigen Freizeitveranstaltungs-
karten wird also eine erstaunliche Wirkung zeitgen und als besondere
Form der Anerkennung in Erinnerung bleiben.

Hotel-Einladung für Lebenspartner während Geschäftsreise

Auch diese Form der Anerkennung und der Wertschätzung wirkt bei
beiden Personen stark. Dies kann während einer Geschäftsreise oder
eines Seminars sein und auch ein Ticket für eine Abendveranstaltung
oder eine Städtereise ins Ausland sein.

Abendessen mit Prominentem

Suchen Sie einen Prominenten, der Fähigkeiten, Charaktermerkmale
oder Eigenschaften aufweist, die die zu anerkennenden Leistungen des
Mitarbeiters besonders gut symbolisieren. Beispiel: Handelt es sich um
einen erfolgreichen Projektleiter, bei dem vor allem auch Beharrlichkeit
ein Grund war, könnte ein bekannter Talkmaster eines TV- oder Radio-
Regionalsenders der Gast sein. Oder bei exzellentem, dabei bewiese-
nem Fachwissen ein anerkannter Experte oder Autor zum Thema.

Ein Geschenk zum Hobby

Das Hobby eines Mitarbeiters zu kennen beweist einerseits das Interesse an ihm auch als Menschen und das Geschenk dazu findet andererseits garantiert grosses Interesse und hohen Nutzwert. Angehörige
oder Fachleute können dabei behilflich sein, auf gelungene Geschenk-
ideen zu kommen, die den Hobbyansprüchen dann auch genügen.

Das Dankeschön auch am Anschlagbrett

Danken Sie Ihrem ganzen Team auf eine sehr persönliche Art und Weise zusätzlich auch am Anschlagbrett: "Ohne Sie als grossartiges Team hätte dieses für unser Unternehmen so wichtige Projekt nicht so erfolgreich abgeschlossen werden können – herzlichen Dank Sie alle".

"Ihr Firmenname"-Oscar Gewinner dieses Jahr

Warum soll nur Hollywood Oscars vergeben dürfen? Das können Sie genauso gut an Jahresendanlässen und Betriebsausflügen. Allerdings nicht Oscars für Regie oder Nebenrollen, sondern für Kategorien, die gemäss Ihrer Unternehmenskultur die grösste Bedeutung haben. Dies können zum Beispiel Oscars für das erfolgreichste Projekt, die kundenfreundlichste Handlung, die innovativste Idee, die kollegialste Hilfsbereitschaft und den besten Verkaufsabschluss sein. Ein Ritual, das mit Sicherheit gut ankommt und eine nachhaltige Wirkung haben dürfte.

Auch Angehörige freuen sich über Anerkennung

Eine Lebenspartnerin hat ein Sprachdiplom abgeschlossen, der Sohn die Lehre bestanden oder die Tochter eine Auszeichnung zur besten Grafikerin der Region erhalten. Ein Brief zur Gratulation, ein Telefonanruf, ein Geschenk, ein Beitrag in der Mitarbeiterzeitschrift – wo auch immer und wie auch immer – Anerkennung bei Angehörigen und Familien von unerwarteter Seite sind doppelt wertvoll.

Vorstellung zwei besonders wichtiger Mitarbeiter

Machen Sie es sich zur Gewohnheit, dass der Geschäftsleitung jeden Monat ein bis zwei Mitarbeiter vorgestellt werden und sie sich dabei informieren lässt, welch wichtigen Beitrag diese zur Unternehmensleistung beitragen. Dies muss Mitarbeiter aus sämtlichen Funktionen und Positionen einbeziehen, also ganz besonders auch sonst eher im Schatten stehende Mitarbeitende wie Portiers, Reinigungsequipen, Speditionshilfen und so fort.

Ein Betriebs-Tagebuch führen

Das gute alte Tagebuch kann auch wieder zu Ehren kommen, wenn es um Motivation geht. Bitten Sie Ihre Mitarbeiter – auf Unternehmens- oder Abteilungsebene – humoristische, denkwürdige und erfreuliche Ereignisse, Beobachtungen und Eindrücke einem Tagebuch ähnlich zu notieren. Dies kann traditionell in Tagebüchern oder digital auf Intranet-Seiten geschehen. Solche Informationen bilden eine "Firmengeschichte", bieten interessante Informationen für Führungskräfte, dokumentieren Ereignisse für bestimmte Anlässe und haben spannenden Geschichten-Charakter für Mitarbeiterzeitschriften.

Ideen auf Abteilungs- und Unternehmensebene

Überraschungs-Event mit Prominenz

Im Anschluss an eine Sitzung wird ein bekannter Fachmann oder Experte zu einem bestimmten Thema eingeladen, welches durchaus nichtgeschäftlicher Natur sein kann und hält als Überraschung einen spannenden und interessanten Vortrag.

Der CEO am Empfang: Rollentausch

Einmal sitzt der Geschäftsführer am Empfang, der Produktionsleiter im Call Center und der Marketingleiter schnürt Pakete in der Spedition. Ein solcher "Rollentausch-Tag" erzeugt aber nicht nur garantiert tolle Stimmung, sondern fördert auch das Verständnis für und Know-how zu anderen Arbeiten und Aufgaben in einem Unternehmen.

Überraschungs-Picknick

Nach einem anstrengenden Arbeitstag, einem erfreulichen Grossauftrag oder erfolgreichen Projektabschluss das ganze Team spontan zu einem Picknick einladen und jedem einzelnen Mitarbeiter für die erbrachte Leistung danken.

Arbeitsbeginn mit Blumen

Überraschen Sie die Mitarbeiter frühmorgens – beim Haupteingang oder am Arbeitsplatz – mit einem Blumenstrauss, im Idealfall persönlich überreicht durch die Geschäftsleitung. Das Motto kann sein: "Es ist wieder mal Zeit für ein herzliches Dankeschön.". Anstelle von Blumen können auch symbolhafte Geschenke oder ein Ferientag mittels eines Guthabenscheines und Dankeschön-Briefes eine positive Überraschung sein.

Symbolhafte Auszeichnung als Team und Abteilung

Bei einer Betriebsfeier wird jede Abteilung von der Geschäftsleitung mit einem symbolträchtigen Geschenk geehrt und gelobt. Diese Geschenke können besondere Leistungen, Teamstärken, Art der Leistungserbringung, bestimmte Charaktere, Neugründung oder Jubiläum einer Abteilung, einer Gruppe oder eines Teams betreffen. Beispiele: Mountainbike für Teams, die besondere Hürden genommen haben, Abakus für die Buchhaltung, Medaille mit Siegerpodest für Top-Service des Kundendienstes und so fort.

Wir sind ein gutes Team und können noch besser werden

Gehen Sie doch mit Ihrer Abteilung einmal in Klausur an einen schönen, inspirierenden und erholsamen Ort und widmen Sie sich nur einem Thema: Wie können wir als Team in unserer Zusammenarbeit noch besser werden? Ideen, Vorschläge, Kritik und mehr sollen helfen, das Teamklima zu optimieren. Der Tag kann aufgelockert werden mit ein bis zwei externen Referenten zum Thema.

Abteilung des Monats

Jeden Monat steht eine Abteilung, ein Team oder eine Projektgruppe im Mittelpunkt und informiert über die jeweilige Arbeit. Ein "Abteilungs-Steckbrief" am Schwarzen Brett, ein "E-Tagebuch" im Intranet über Aktivitäten, Mitarbeiterportraits in der Mitarbeiterzeitschrift und ein "Abteilungs-Tag der offenen Tür" sind konkrete Möglichkeiten, Menschen und Leistungen einander näher zu bringen. Als Abschluss kann ein Happening stattfinden, in welchem eine Schnitzelbank, humorvolle Portraits, Geschichten und Beziehungen zu anderen Abteilungen und Menschen im Mittelpunkt stehen – verbunden mit einem Feierabend-Drink. Eine solche persönliche Vorstellung kann auch den Auftakt zu einer "Abteilung des Monats" sein oder für sich allein stattfinden.

What I love to do

Bitten Sie jeden Mitarbeiter Ihrer Abteilung aufzuschreiben, was er weshalb besonders gerne und mit besonders hoher Motivation bei seiner Arbeit macht. Oder noch klarer: Was ihn begeistert und was seine Augen zum Leuchten bringt. Dies können Aufgabenbeispiele, bestimmte Tätigkeiten, Talente, Herausforderungen, spezielles Fachwissen, besondere Erfolge der Vergangenheit, Stärken der Sozialkompetenzen und vieles mehr sein. Machen Sie sich dann Gedanken darüber, wie die Arbeit des Mitarbeiters stärker auf seine "Motivationsbedürfnisse" hin gestaltet und verändert werden kann – zum Beispiel mit Job Enrichment oder Job Enlargement-Massnahmen oder neuen Schwerpunktsetzungen, die sich mit den Zielen und Prioritäten der Abteilung und des Unternehmens vereinbaren lassen.

Stimmungs- und Motivations-Barometer

Lassen Sie Ihre Mitarbeiter während eines Monats ein "Auf- und Absteller-Tagebuch" – oder etwas dezenter ausgedrückt – Stimmungs- und Motivationsbarometer führen. Dazu bringen Sie an der Wand zwei bis drei Flipchartbögen an und unterteilen diese in Aufsteller und Absteller-Rubriken. Nun sind die Mitarbeiter aufgerufen, alle Erlebnisse, Gefühle, Arbeiten, Stimmungen usw., die sie als positive Aufsteller oder als negative Absteller empfinden und erleben in der entsprechenden Spalte mit Stichworten zu notieren. Nach Ablauf dieses Monats werden alle Charts gesammelt und mit allen Mitarbeitern der Abteilungen besprochen. Mögliche Themen: Motivatoren und Demotivatoren, welche Motivatoren kann man fördern und verstärken, welche Demotivatoren verringern und vermeiden – und was könnte ein gemeinsam verabschiedetes 10-Punkte-Programm als Massnahmenpaket enthalten.

Flossfahrt: Teamventure für Führungskräfte

Wer hat nicht schon einmal geträumt, wie Tom Sawyer oder Huckleberry Finn mit einem Floss dahinzutreiben. Eine Fahrt auf einem Kleinfloss ist ein Naturgenuss und Teamarbeit steht im Vordergrund. Mit Hilfe eines Steuermannes muss das Floss von Ihrem Team bewegt und auf Kurs gehalten werden. Dabei sollte eine solche Flossfahrt von einem fachkundigen Steuermann begleitet werden. Das Einsetzen und Aussetzen der Flösse ist Teamarbeit, die Hilfe der gesamten Gruppe ist notwendig und stärkt Koordination, Zusammenhalt und Teamwork in der Natur und unter ungewöhnlichen Umständen.

Der Starkoch des Monats ist ein Mitarbeiter

Einmal pro Monat präsentiert ein Mitarbeiter sein Lieblingsmenü, indem er in der Kantine dieses mit dem dortigen Koch zubereitet, es von zuhause in den Betrieb mitnimmt oder durch Lunch-Service in den Betrieb senden lässt. In der Mitarbeiterzeitschrift wird das Rezept abgedruckt und/oder als E-Mail an alle jene verschickt, die solche Rezeptideen abonnieren können.

Schnupper-Lektionen zur Mittagszeit

Überraschen Sie Ihre Mitarbeiter doch mit Schnupperangeboten zur persönlichen Weiterentwicklung und beruflichen Weiterbildung während eines Sandwich-Lunchs. Dies kann eine Englischstunde mit einer Probelektion für Konversations-Englisch, ein Mentaltrainer, der die neuesten Trainingsformen und Erkenntnisse zeigt und übt oder ein kurzes Word-Training mit spannenden und pfiffigen Features sein. So wird Abwechslung, Spass und Personalentwicklung in einem auf eine erlebbare Weise praktiziert.

Hilfestellungen für persönliche Probleme

Ein Betrieb, der seinen Mitarbeitern auch bei persönlichen Problemen und privaten Krisen beisteht, gewinnt stark an Vertrauen und wird für Mitarbeiter mehr als ein Arbeitgeber, nämlich ein Partner. Mit Verbänden, Fachleuten, behördlichen Beratungsstellen zusammen können Sie eine Dokumentation von qualifizierten Beratern und Therapeuten aufbauen für Situationen wie Burnout, Eheprobleme, Scheidungen, Depressionen, Alkoholismus, Drogen usw. So kann man auch in Notsituationen sofortige und wirksame Hilfe bieten. Eventuell lassen sich mit den Anbietern Sonderkonditionen oder sonstige Privilegien vereinbaren.

Mitarbeiter zur Reportern machen

Die Mitarbeit an Mitarbeiterzeitschriften kann für interessierte und schreibgewandte Mitarbeiter eine sehr motivierende Tätigkeit sein, die stark zur Identifikation mit dem Betrieb beiträgt. Hier können Ressorts organisiert werden (Privates, Unterhaltung, Menschen, Innovationen, Kunden usw.) die jeweils von einem Mitarbeiter betreut werden. Redaktionsmeetings, Titelgeschichten, Fotoreportagen, Interviews und vieles mehr können spannende und motivierende Tätigkeiten und Situationen schaffen. Und nicht vergessen: Mitarbeiterzeitschriften können mit massiven Kosten- und Zeiteinsparungen auch digital produziert werden als PDF-Dokumente, per E-Mail oder auf einer Intranetseite.

Materielle Möglichkeiten

Das beste Firmenauto fährt diese Woche

Für eine Woche oder einen Tag kommen Mitarbeiter mit herausragenden Leistungen in den Genuss, den statusträchtigsten besten Firmenwagen fahren zu dürfen – geschäftlich und oder sogar privat mit der Familie zusammen. Dies kann besonders bei extern tätigen Mitarbeitern, wie zum Beispiel Aussendienstlern – eine wirksame Anerkennung sein.

Sparbuch Ihres Unternehmens für den Nachwuchs

Nachwuchs ist immer ein zentrales und einschneidendes Ereignis. Ein auf den Nahmen Ihres Unternehmens lautendes Sparbuch mit individuellen Wünschen bleibt beim Mitarbeiter und seiner Lebenspartnerin in besonderer Erinnerung.

Für heute Abend eine Hotelsuite

Überraschen Sie Ihre Sekretärin, Ihren Aussendienstmann oder Ihren Assistenten auf seiner Geschäftsreise bei der Ankunft im Hotel mit einer Hotelsuite oder einem Fünf-Gänge-Menü. Eine Karte auf dem Zimmer, eine SMS oder ein Anruf am Abend mit einem Dankeschön und den besten Wünschen, alles zu geniessen, hinterlässt wohl einen starken Eindruck.

Einkaufsservice für Singles

Singles und berufstätige Frauen unter den Mitarbeitern müssen selbst für ihren Haushalt sorgen. Oft haben sie während des Arbeitstages keine Gelegenheit zum Einkaufen. Ein Service der besonderen Art: Man organisiert deshalb einen kostenlosen Einkaufsservice: Die Mitarbeiter geben bis 10 Uhr eine Einkaufsliste am Empfang ab. Bis abends sind die gewünschten Artikel beschafft. Mehr Freizeit und Freude auf das Nachhausekommen, weniger Stress und Einkaufshektik sind die Vorteile. Die Einkäufe erledigt eine Hausfrau aus der Umgebung gegen Stundenlohn oder ein Online-Einkaufsdienst, mit dem Sonderkonditionen ausgehandelt werden können.

Mitarbeiter-Portraits digital

Richten Sie doch online ein Mitarbeiter-Portrait-Verzeichnis ein, bei dem alle Mitarbeiter nach einheitlichen Rubriken mit Fotos portraitiert werden. Wichtig ist, dass dabei auch private Informationen (Hobbys, Lieblingsmenüs, Familie, Lebensmotto, Traumferienland) usw. enthalten sind. Im beruflichen Bereich sollten Informationen zum Spezialwissen, zur Ausbildung, zu besonderen Talenten und mehr dazu anregen, Wissensträger schneller und einfacher zu finden und Erfahrungen miteinander auszutauschen.

Der Lunch mit dem besonderen Aufhänger

Es gibt Dutzende von Möglichkeiten, ein gemeinsames Mittagessen mal anders und auf ungewöhnliche Art zu geniessen. Einige können sein: Die Lebenspartnerinnen einer Abteilung kochen ein Gemeinschaftsmenü, ein Fondue im Sitzungszimmer sorgt für gute Laune, ein Picknick am Waldrand führt in die Natur hinaus, ein Spaghetti-Festival mit verschiedensten Saucen beweist Fantasie oder Gerichte aus den von den Mitarbeitern besuchten Ferienländern zeigen nebst touristischen auch deren kulinarische Seiten.

Taxi-Service für besondere Einsätze

Überstunden bis spät in die Nacht hinein, zu viel Alkohol nach einer Abteilungsparty oder eine Freundin, die dringend ins Spital eingeliefert wurde – es gibt viele Situationen, bei denen Dringlichkeit und Mobilität eine grosse Rolle spielen. Handeln Sie doch mit einem Taxiunternehmen interessante Konditionen aus und überraschen Sie Mitarbeiter in solchen Situationen mit einer Hilfe, die garantiert sehr gut ankommt und geschätzt wird – auch von Angehörigen.

Betriebliche Umsetzung und Motivationstrends

Umsetzung von Motivationskonzepten

Nun haben Sie einige interessante und relevante Informationen zur Mitarbeitermotivation kennengelernt, einige Anregungen bekommen und können die Vielfalt der möglichen Massnahmen abschätzen. Wie aber bei der Umsetzung vorgehen? Dabei möchten wir mit dem folgenden Kapitel behilflich sein.

Die Ausgangslage

Als erstes sollten Sie eine Bestandesaufnahme machen, welche die Gesamtmotivation im Betrieb zusammenfasst und sozusagen ein "Stimmungsbild" ergibt. Eine solche Ausgangslage kann drei Punkte enthalten:

- Was ist an Bewährtem und Gutem vorhanden?
- Welche wichtigen Einrichtungen können verbessert werden?
- Wo besteht weshalb dringender Handlungsbedarf?

Dies kann zum Beispiel ergeben, dass Sie in der Entgeltpolitik und in der Kommunikation und Führung eindeutige Stärken haben, die Förderung von Mitarbeitern, also die Personalentwicklung, aber stark verbessert werden kann. Dringenden Handlungsbedarf sehen Sie aber in der generellen Aktivierung von Veranstaltungen, Events und der Verbesserung der Anerkennungs-Kultur.

Die Zielsetzungen

Als nächstes gilt es, die Zielsetzungen zu formulieren, also die Hauptstossrichtungen, welche die Motivationslage in Ihrem Unternehmen zusätzlich verbessern und breiter abstützen. Hier geht es noch nicht um Einzelmassnahmen, sondern um die allgemeine Marschrichtung. Solche Ziele können sein:

"Wir wollen die Personalentwicklung mit einem externen Berater verbessern und stärker auf die persönlichen Mitarbeiterbedürfnisse ausrichten.".

"Wir möchten Anerkennung, Wertschätzung und Respekt viel stärker als bisher kommunizieren, praktizieren und zu einem Teil unserer Unternehmenskultur machen.".

Nebst einer Analyse mit der Geschäftsleitung und Führungskräften kann auch eine Mitarbeiterbefragung eine gute Grundlage sein. Ferner sind die Altersstruktur und das Bildungsniveau zu beachten und unterschiedliche Beurteilungen in Ressorts und Abteilungen.

Die Strategie

Die Strategie beinhaltet die Hauptstossrichtungen, die eingeschlagen werden. Es geht um die Wahl der richtigen Marschrichtung und der richtigen Dinge, die zu tun und anzupacken sind, wer mit plant und mitdenkt und die Verantwortung trägt. Strategische Ausrichtungen können teilweise die Handlungsebenen sein. Eine strategische Ausrichtung kann sein:

"Wir erachten die Ausbildung der Führungskräfte, die mitarbeiterorientierte Kommunikation auf allen Ebenen und die Verbesserung der Arbeitsinhalte, begleitet von professioneller Laufbahnberatung, als eine wichtige Strategie für eine *Grundlage zur Verbesserung der Motivation.*

Das zweite Strategiebein ist *die Optimierung der Unternehmenskult*ur mit Veranstaltungen, Incentives, Freiräumen und symbolhaften Events, welche Wertschätzung, Vertrauen und Respekt vor Mitarbeitern zum gelebten Hauptanliegen unserer Mitarbeiterführung machen".

Merkpunkt für die Praxis

Dem Einbezug von Mitarbeitern und Führungskräften – auch bei der Entscheidungsfindung – ist während des gesamten Prozesses von der Bedarfsermittlung über die Umsetzung und Kommunikation bis zur Erfolgskontrolle der Massnahmen grösste Bedeutung beizumessen. Nur dieser Einbezug und die Integration aller stellt sicher, dass Massnahmen und Neuerungen wirkungsvoll integriert und von allen getragen werden.

Vorgehensweise und Prozess

Die Bedeutung und der Stellenwert der Motivation sollten in einem kleineren Gremium mit der Personalleitung, dem mittleren/oberen Kader und der Geschäftsleitung erörtert und besprochen werden. Eine vorgängige Präsentation über die Bedeutung der Motivation und eine aktuelle Bestandesaufnahme im Unternehmen mit aktuellen Stärken und Schwächen soll für das Thema sensibilisieren. Nachdem eine grobe Strategie und Ziele erarbeitet worden sind, stellen eine Mitarbeiter- und Kaderbefragung und individuelle Mitarbeitergespräche sicher, bedarfsorientiert vorzugehen.

Dann werden – möglicherweise in Projektgruppen oder auf Abteilungsebene – Ziele, Massnahmen und Verantwortlichkeiten festgelegt. Informationsveranstaltungen für das Kader sowie Mitarbeitende und Verantwortliche, welche den Prozess begleiten und kontrollieren, sind ebenfalls wichtig.

Die Massnahmen

Die zu treffenden Massnahmen können mit Vorteil in sechs Handlungs-
ebenen unterteilt werden. Jede Ebene beinhaltet eine Zielsetzung und
Hauptstossrichtung, gefolgt von den einzelnen konkreten Massnahmen.
Die sechs Ebenen und Massnahmen-Beispiele:

Ebene Rekrutierung und Personalgewinnung

Wie werden Stellenanzeigen neu kommuniziert?
Wie wird auf die Gewinnung motivierter Mitarbeiter geachtet?
Welche Anforderung stellt man an Führungskräfte?

Ebene Mitarbeitende als Individuen

Grundsätzliche Motivierbarkeit und Leistungswille
Die persönlichen Wertvorstellungen
Persönliche und berufliche Ziele und Perspektiven

Ebene Arbeitsumfeld

Arbeitsklima und Organisation im Unternehmen
Gemeinschaftsgefühl und Teamgeist
Ergonomie und Arbeitsbedingungen

Ebene Arbeitsinhalte

Positive Herausforderungen und Zielattraktivität
Entwicklungsperspektiven und Lernpotenzial
Kongruenz mit Stärken und Talenten des Mitarbeiters

Ebene Führungsverhalten und Führungsverständnis

Sozialkompetenzen der Führungskräfte
Kommunikationsfähigkeiten wie Feedback und Lob
Ausgeprägte emotionale Intelligenz

Ebene Unternehmenskultur

Anerkennung und Wertschätzung praktizieren und vorleben
Freiräume zur Entfaltung und zum Experimentieren schaffen
Vertrauen als Grundlage pflegen, leben und entwickeln

Der Massnahmenplan

Ein Massnahmenplan stellt sicher, dass die von der Geschäftsleitung,
den Führungskräften und der Personalabteilung verabschiedeten Massnahmen eingehalten werden. Regie führt mit Vorteil die Personalabteilung.

Für gewisse Massnahmen können durchaus externe Fachkräfte beigezogen werden wie Coaches, Psychologen, Berater und Personalentwicklungsspezialisten. Der Massnahmenplan enthält die Positionen

- ▓ Massnahme
- ▓ Verantwortliche Person(en)
- ▓ Zweck/Ziel
- ▓ Start Termin
- ▓ Abschluss Termin

Bei der Umsetzung der Massnahmen können zum Beispiel in den Hauptbereichen Projektgruppen gebildet werden, in denen durchaus auch Mitarbeitende einbezogen werden können. Zu beachten und zu organisieren sind aber auch die Methoden und Instrumente, mit denen Veränderungen und Massnahmen angegangen, begleitet und mit professioneller Hilfe umgesetzt werden. Es können dies sein:

- ▓ Schulungsmassnahmen für Führungskräfte
- ▓ Projektgruppen und Projektthemen wählen und bilden
- ▓ Persönlichkeitsbildende Kurse für Mitarbeitende anbieten
- ▓ Vereinzelt externe Berater und/oder Coaches aufbieten
- ▓ In bestimmten Phasen externen Supervisor einbeziehen
- ▓ Externe Referenten und Fachleute zu Schlüsselthemen einladen
- ▓ Mitarbeitern konkrete Aufgaben "on the job" übergeben
- ▓ Mitarbeiter um aktives, konkretes Feedback bitten
- ▓ In Mitarbeiterzeitschriften für das Thema sensibilisieren
- ▓ Fachbibliothek mit guten Fachbüchern zusammenstellen
- ▓ Aktuelle Auszüge und Artikel aus Fachpresse zirkulieren lassen

Budget und Erfolgskontrolle

Schulungsmassnahmen, Beraterhonorare, interne Trainings und dergleichen wird Kosten verursachen, die zu budgetieren sind. Die Erfolgskontrolle stellt sicher, welche Massnahmen zu welchen Resultaten geführt hat und auf welchen Ebenen sich die Motivation verbessert hat. Messinstrumente können sein:

- Austrittsinterviews
- Mitarbeitergespräche und Mitarbeiterbefragungen
- Veränderungen in der Fluktuation
- Veränderungen in der Absenzenquote
- Verbesserungen in der Personalgewinnung
- Mitarbeiter-Feedback an die Personalabteilung

Die nachfolgende Mustervorlage ist ein Beispiel von Motivationsgrundsätzen, wie sie im Unternehmen verankert und Führungskräften abgegeben werden kann. Sie können in groben Zügen zugleich als eine Zusammenfassung der nachhaltigsten und wirksamsten Motivations-Grundsätze dieses Buches betrachtet werden.

Fallbeispiel: Commitment zur Mitarbeitermotivation

Im Unternehmen Actnow AG möchte man das Thema Motivation aktiv, ganzheitlich und verbindlich angehen. Dafür wird ein Grundsatzpapier verfasst und verabschiedet, welches klare Leitlinien, Commitments und Schwerpunkte aufweist:

Die Grundsätze der Mitarbeitermotivation in unserem Unternehmen

Unser Unternehmen ist sich der Bedeutung der Mitarbeitermotivation bewusst. Mitarbeitermotivation ist eine tragende Säule unserer Personal- und Unternehmenspolitik und Voraussetzung für eine hohe Qualität der Leistungserbringung und Mitarbeiterzufriedenheit. Diese wollen wir mit folgenden Grundsätzen vorleben, praktizieren und weiterentwickeln.

Die nachfolgenden Grundsätze, Aufgaben und Pflichten werden halbjährlich mit der Geschäftsleitung und allen Kaderleuten unter der Regie unserer Human Resource Abteilung überprüft, kontrolliert und weiterentwickelt.

1. Respektierendes und positives Menschenbild

Dies ist der wichtigste Anspruch, ohne den eine glaubwürdige Motivation nicht möglich ist. Vor allem unsere Führungskräfte müssen diesem Anspruch voll genügen und ebenso muss er sich aber in der gesamten Unternehmenskultur niederschlagen.

Instrumente und Mittel   In Umgang und Kommunikation wird dies gelebt, institutionalisierte Mitarbeitergespräche, die Personalentwicklungspolitik, eine intensive Kadernachwuchs-Förderung und regelmässige MA-Gespräche unserer HR-Abteilung aus einer neutralen Warte stellen dies sicher.

2. Handlungsspielräume und Selbstverantwortung

Nur wer sich als Mensch voll entfalten, seine Fähigkeiten unter Beweis stellen und auf seine Leistung stolz sein kann, ist bereit, sein Bestes zu geben.

Instrumente und Mittel   Der Führungsstil, die organisatorischen Bedingungen, das Vorleben in allen Managementstufen und die Gewinnung entsprechend leistungsbereiten und motivierbaren Personals sind die Mittel dazu.

3. Herausforderung und Sinngebung der Arbeit

Unterforderung und Überforderung sind Motivationskiller. Variierende, spannende, Stärken und Talente nutzende Herausforderungen jedoch sind die Hauptpfeiler erfolgreicher Motivation. Es ist in unserem Unternehmen eine permanente Führungsaufgabe und –verantwortung, Arbeit so zu gestalten und zu entwickeln.

Instrumente und Mittel   dazu sind Zielvereinbarungen, die hohe Bedeutung und finanziellen Mittel der Personalentwicklung und von der Geschäftsleitung für Förder-Mitarbeitergespräche zur Verfügung gestellte Zeit.

4. Konsequente Talent- und Stärkennutzung

In unserer Personalentwicklung, Führungsarbeit, Personalauswahl und Arbeits- und Aufgabengestaltung hat die konsequente Nutzung der Stärken unserer Mitarbeiter einen hohen Stellenwert. Es ist nicht unser Ziel, Schwächen und Defizite zu korrigieren, sondern Talente zu erkennen und Stärken zu fördern. Dies ist eine vorrangige Aufgabe von Führungskräften, Mitarbeiter stärkengerecht einzusetzen und Talente zu erkennen und zu fördern. So wird die Mitarbeitermotivation und Leistungsqualität zur Aufrechterhaltung unserer Kernkompetenzen sichergestellt.

Instrumente und Mittel   Für die Talenterkennung stellen wir bei Kader- und Expertenpositionen finanzielle Mittel und externe Berater zur Verfügung und schulen Kaderleute gezielt in diese Richtung.

5. Personalentwicklung und Mitarbeiterförderung

Personalentwicklung ist eine tragende Säule unserer Personalpolitik. Sie wird auf Kernkompetenzen und Unternehmensbedürfnisse ausgerichtet, stützt sich auf Talente und Stärken von Mitarbeitenden und fördert diese in der Ganzheitlichkeit ihrer Persönlichkeit.

Instrumente und Mittel   Anbieter-Datenbank, eigene Stelle eines Ausbildungsverantwortlichen innerhalb der HR-

Abteilung, überdurchschnittliches Budget und interne und externe Trainings für Kaderleute.

6. Faire und leistungsbezogene Löhne

Löhne, Boni und Incentives sind nach unserer Überzeugung zwar bei weitem nicht die bestimmenden, aber flankierend dennoch eingesetzten Motivationsinstrumente. Wichtig sind uns dabei die Fairness, der Leistungsbezug, die Transparenz und die Nachvollziehbarkeit. Ferner kommen sie nur als Ergänzung und im Zusammenspiel mit anderen Motivationsbemühungen zum Tragen.

Instrumente und Mittel   Das Reglement zur Lohnpolitik mit klaren Richtlinien, eigene Lohngespräche, das Bonus- und Incentiveprogramm.

7. Fordernde und fördernde Vorgesetzte

Unser Unternehmen bekennt sich klar zum Leistungsprinzip. Vorgesetzte haben die Pflicht, Mitarbeitende quantitativ und qualitativ zu fordern und von ihnen das Beste zu erwarten. Mit ihrem eigenen Führungsverhalten tragen sie aber ebenso die Verantwortung zusammen mit einem breit gefächerten Angebot unseres Unternehmens, Mitarbeiter ihren Stärken, Talenten, Fähigkeiten und wenn immer möglich Bedürfnissen und Intentionen gemäss zu fördern.

Instrumente und Mittel   Der hohe Stellenwert der Personalentwicklung, das externe Beraterangebot, unsere Talentförderungspolitik und professionelle Unterstützung unserer HR-Abteilung.

8. Work-Life-Balance-Programm

Dem immer stärker werdenden Trend und Bedürfnissen unserer Mitarbeitenden nach einem ausgewogenen Berufs- und Privatleben berücksichtigenden Personalpolitik folgend, reagieren wir auf diese neue Entwicklung. Allerdings dürfen die Unternehmensinteressen und die Garantie der Leistungserbringung nicht beeinträchtigt werden.

Instrumente und Mittel   Verschiedene Service- und Dienstleistungen, Arbeitszeitenflexibilisierungen für Schwangere und Väter, grosszügige Kostenbeteiligungen an privaten Weiterbildungen mit Berufsqualifikations-Effekt und das Gewähren von Auszeiten unter bestimmten Voraussetzungen.

Trends der Mitarbeitermotivation

Es ist interessant und wichtig, sich schon heute zu überlegen, welches die Auswirkungen auf die Motivation von morgen sein könnten, welche Trends sich schon heute abzeichnen und in welche Richtungen diese zeigen. Globalisierung, Technologie, Work-Life-Balance, Veränderungen der Wertvorstellungen und des Arbeitsverständnisses sind Stichworte. In diesem Kapitel versuchen wir, einigen Thesen bestimmender Trends und möglicher Veränderungen aufzuzeigen.

Die erstrangige Bedeutung der Work-Life-Balance

In diesem Buch wurde mehrmals auf die Bedeutung der Work-Life-Balance hingewiesen. Das Gleichgewicht von Beruf und Privatleben und das Bestreben von Arbeitnehmern, die Anforderungen der Arbeitswelt und die Anforderungen ihres privaten Lebens miteinander in Einklang zu bringen, wird unseres Erachtens an Bedeutung gewinnen. Es gibt Anzeichen dafür, dass die strenge Trennung und die Zweiteilung von Berufs- und Privatleben bald der Vergangenheit angehören könnte. Wird sich diese Entwicklung verstärken, wären die Folgen vor allem viel flexiblere Arbeitsplatzangebote.

Flexibilisierung der Arbeitsangebote

Damit ist eine Flexibilisierung gemeint, die primär Arbeitszeiten betrifft, aber dennoch über Arbeitszeitmodelle hinausgeht und beispielsweise auch den Arbeitsort, die Mobilität und die Anstellungsformen betreffen. Arbeitgeber, denen diese Flexibilisierung gelingt, werden an Attraktivität gewinnen und entscheidend zur Stärkung der Motivation von Mitarbeitenden beitragen. Die Flexibilisierung der Arbeitsangebote steht in engem Zusammenhang mit der Work-Life-Balance und dem generellen Bedürfnis, Privat- und Berufsleben in einen harmonischen Einklang zu bringen. Konzepte, die dabei aber auch unternehmerische Interessen und beispielsweise Arbeitszeiten nach Auftragseingangslage einerseits und familiären Umständen andererseits miteinbeziehen, können Arbeitszeiten so wirtschaftlich und mitarbeiterorientiert sinnvoll flexibilisieren – um zwei konkrete Beispiele zu nennen.

Involvement der ganzen Persönlichkeit

Werden heutzutage Umfragen zur Arbeitszufriedenheit gemacht und schaut man sich Forschungsresultate genauer an, fällt auf, wie immer häufiger der Wunsch nach Einbringung der Individualität im Unternehmen geäussert wird. "Ich möchte als Individuum und als ganze Persönlichkeit ernst- und wahrgenommen werden und mich auch so in die Arbeit und Leistung einbringen können". Solche Äusserungen belegen, dass immaterielle und über reine Sicherheitsüberlegungen hinausgehende Faktoren an Bedeutung gewinnen und der Mitarbeitende bereit ist, ja sogar den Wunsch hat, sich mit der Arbeit und den Aufgaben identifizieren zu können.

Sinngebung und persönlicher Nutzen der Arbeit

Dieser vermutlich ebenfalls an Bedeutung gewinnende Trend hängt eng mit dem Involvement der ganzen Persönlichkeit zusammen. Er zeigt aber auch, wie sehr die Motivation in Unternehmen zum zentralen Faktor wird, und die Qualität der Leistungserbringung wesentlich beeinflusst. Vorgesetzte und Unternehmen, die eine Arbeit bieten können, die Sinn stiftet, einen erkennbaren Zweck beinhaltet, Mitarbeitende auch in Ihrer Persönlichkeit weiterbringen, Skills hineinbringen, die über das Berufsleben hinaus nutzenstiftend sind und in Personalentwicklungskonzepten die Interessen und Bedürfnisse der gesamten Persönlichkeit der Mitarbeitenden einbeziehen, werden hervorragende Motivationsarbeit leisten und zu attraktiven Arbeitgebern werden.

Gesellschaftliches Verantwortungsbewusstsein

Unternehmen sind heutzutage mehr als nur Arbeitsplätze anbietende und Steuern zahlende Leistungserbringer und Produkteanbieter. Sie sind eingebettet in ein gesellschaftliches und politisches System, übernehmen ethische und soziale Verantwortung und werden von Arbeitnehmern und Kunden auch immer mehr an solchen Kriterien gemessen. Arbeitgeber, die dieses Verantwortungsbewusstsein glaubwürdig wahrnehmen können und dabei Mitarbeitende in diesen Bereichen erst noch aktiv einbinden, werden zu den Gewinnern gehören. Auch dieser Punkt steht in engem Zusammenhang mit der Sinngebung und dem persönlichen Nutzen der Arbeit.

Das Anbieten von Lernchancen als Arbeitgeberpflicht

Hier kommen die Bedeutung und Professionalisierung der Personalentwicklungsarbeit zum Zug. Die Qualität, die Bedarfsorientierung, die Vielfalt und vor allem der Einbezug der gesamten Persönlichkeit und das Vermitteln von Perspektiven wird entscheidend sein, um Mitarbeitenden spannende und sinnstiftende Lernchancen und Weiterentwicklungsmöglichkeiten geben zu können.

Mitarbeiter als Kunden – Arbeitgeber als Dienstleister

Arbeitnehmer, Stelleninhaber, Bewerber – sind dies Begriffe, die in drei oder fünf Jahren nicht mehr dem modernen Verhältnis von Arbeitgebern und Arbeitnehmern im traditionellen Sinn entsprechen? Wenn diese Überschrift mit dieser Begriffswahl auch ein wenig provokativ und ungewöhnlich wirken mag – treffen die meisten in diesem Kapitel genannten Trends und zukünftigen Entwicklungen zu, wird es hier zu einer sehr tiefgreifenden Rollenveränderung kommen.

Die Bedeutung der Talenterkennung und Talentnutzung

Die pointierte, sinngemässe Aussage von Reinhard K. Sprenger "Entdecke Dein Talent und lebe es dort, wo es gefragt wird" erlangt möglicherweise eine ganz zentrale Bedeutung. Talenterkennung und Talentnutzung werden auch heute noch in Unternehmen – und übrigens ebenso in Schulen – sträflich vernachlässigt. Dabei würde eine systematische Talenterkennung und -nutzung die Motivation ganz entscheidend beeinflussen und vor allem auch die Leistungsqualität erheblich steigern. Es bleibt zu hoffen, dass diese Entwicklung sich verstärken wird und die Bedeutung von Mitarbeitenden und von Unternehmen erkannt werden. Auch dieser Trend steht wieder stark im Zusammenhang mit den Anforderungen an die Personalentwicklung.

Handlungsspielräume und Selbstverantwortung

Hier findet sich wieder der Trend, sich als ganze Persönlichkeit in Unternehmen und Arbeit einbringen zu können. Handlungsspielräume und Selbstverantwortung waren schon lange entscheidende motivationsfördernde Faktoren, doch die Erwartungen von Mitarbeitenden werden wohl höher und konsequenter gefordert werden.

Arbeitgeber-Marke: Bedeutung des Employer-Brandings

An mehreren Stellen haben wir in diesem Buch auf die Bedeutung hingewiesen, dass Motivationsmassnahmen schon bei der Personalgewinnung ergriffen werden müssen. Auch diese Überschrift, Arbeitgeber zu Marken zu machen, mag etwas provokativ sein, im Kern aber zutreffen. Arbeitgeber, die in ihren Serviceleistungen, in ihrer Kommunikation auf dem Arbeitsmarkt und in ihrer Personalpolitik ein Profil haben, sich als glaubwürdiger und moderner Partner positionieren und dies in allen Bereichen auch leben und praktizieren, werden mit Sicherheit zu den Gewinnern gehören und wichtige Motivationsarbeit leisten.

Die Bedeutung der Arbeitsplatz-Sicherheit

Wenn einer in diesem Kapitel genannten Trends nicht neu ist, dann ist es wohl dieser. Doch in Zeiten hart umkämpfter Märkte, eines starken Verdrängungswettbewerbs, der Globalisierung und der Liberalisierung der Arbeitsmärkte ganz generell wird Arbeitsplatz-Sicherheit an Bedeutung gewinnen. Doch Garantien werden Unternehmen kaum mehr abgeben können. Neu und wichtig wird es aber sein, intensiver über die Verfassung des Unternehmens zu kommunizieren, dabei vor allem ehrlich und offen zu sein und alles zu unternehmen, um dieses Sicherheitsbedürfnis wo möglich vermitteln und befriedigen zu können. Auf der nachfolgenden Übersicht fassen wir die besonders wichtigen Haupttrends nochmals mit Beispielen zusammen.

Kommunikationsregeln und Mitarbeitergespräche

Die Grundhaltung motivierender Kommunikation

Ein Motivator kann Kommunikation nur dann motivationswirksam beherrschen, wenn diese auf einer bestimmten Grundhaltung und einem spezifischen Menschenbild basiert.

Merkpunkt für die Praxis

Ein Vorgesetzter führt dann motivierend, wenn für ihn die Entwicklung von Mitarbeitern wichtig ist. Er erforscht ihre persönlichen Ziele und Werte und hilft ihnen, ihr Repertoire an Fähigkeiten zu erweitern. Dies geht Hand in Hand mit emotionaler Selbstwahrnehmung und Empathie, zwei Kompetenzen, die für erfolgreiche und motivierende Führungskräfte und die Mitarbeiterkommunikation typisch sind.

Empathie und die Verbindung als tragende Elemente

Die überraschend positive emotionale Wirkung entsteht vor allem durch Empathie und die Verbindung, die eine Führungskraft zu ihren Mitarbeitern aufbaut. Eine motivierende Führungskraft vermittelt klar und glaubwürdig, dass sie an die Leistungsfähigkeit und das Potenzial der Menschen glaubt und erwartet, dass sie ihr Bestes geben. Die stille Botschaft lautet: "Ich glaube an dich, ich investiere in dich und ich erwarte, dass du dein Bestes gibst.".

Die Mitarbeiter spüren, dass ihrem Vorgesetzten etwas an ihnen liegt. Das motiviert sie, ihren Leistungsstandard beizubehalten und weiterzuentwickeln und selbst auf die Qualität ihrer Arbeit zu achten. Dabei kann der Vorgesetzte durchaus auch zum aktiven Mentor werden. Und in Unternehmen, die jahrzehntelang erfolgreich sind, stellt die fortwährende Führungskräfteentwicklung eine kulturelle Stärke dar und einen Schlüssel zu dauerhaftem Erfolg. Mitarbeiter, die die Möglichkeit erhalten, sich zu entwickeln, sind loyaler. Diese Erkenntnisse sind für Coaching-Gespräche und Kommunikationsregeln von entscheidender Bedeutung.

Ein Motivator setzt immer klare Gesprächsziele

Gesprächsziele sind generell ein wichtiges Führungs- und Kommunikationsinstrument und haben im erfolgreichen Coaching die Bedeutung eines Kompasses. Konkrete Ziele können sein: Mehr Einsatz und Genauigkeit in der Arbeitsleistung, Fehlerquote von 10% auf 5% reduzieren, Beförderungsgespräch mit Begründung, Weiterbildungsgespräch mit Wahl und Entscheidung eines Kurses und so fort. Klar gesteckte und konkrete Gesprächsziele haben eine ganze Reihe von Vorteilen. Sie bewirken unter anderem:

- Ein systematisches Vorgehen
- weniger thematische Abweichungen
- eine höhere Sicherheit bei der Gesprächsführung
- eine bessere Kontrolle des Gesprächsverlaufes
- konkretere, eventuell sogar messbare Ergebnisse
- eine bessere Ergebniskontrolle

Schriftliche Vorbereitung eines Gesprächs

Eine sorgfältige schriftliche Vorbereitung kommt nicht nur der Qualität des Gesprächs zugute, sondern ist auch ein Beweis für den Mitarbeiter, dass sein Vorgesetzter das Gespräch nicht auf die leichte Schulter nimmt. Es empfiehlt sich, dass sich auch die Mitarbeiter schriftlich vorbereiten, da man sich so schon im Vorfeld des Gesprächs intensiver und gründlicher mit dem Gesprächsthema auseinandersetzt. Je sorgfältiger die Gespräche vorbereitet sind, desto grösser ist erfahrungsgemäss der Nutzen für die Beteiligten und damit auch für das Unternehmen. Allerdings ist dann ein gemeinsames "Drehbuch" für das Gespräch erforderlich. Ideal ist ein nach Gesprächsphasen strukturiertes Formular, welches zugleich eine Orientierungshilfe darstellt.

Liegen alle notwendigen Informationen vor?

Es gehört zu einer sorgfältigen Gesprächsvorbereitung, wichtige Notizen, Protokolle, Beispiele, Memos, Zahlenmaterial, Statistiken bereitzuhalten. Ein stichwortartiger Gesprächsleitfaden mit den Schwerpunkten und möglichen Mitarbeiterreaktionen ist eine zusätzliche Hilfe, um ein Gespräch sachlicher und sicherer zu führen.

Eröffnung des Gespräches

Die Gesprächseröffnung ist von grosser Bedeutung und kann über das Gelingen und die Zielerreichung entscheiden. Wichtig ist dabei eine wohlwollende und objektive Grundhaltung, die eine klare Kommunikation des Gesprächszieles und des Gesprächsgrundes ermöglicht. Geeignet sind respektierende und anerkennende Eröffnungsworte, z.B. die positive Qualifikation eines Mitarbeiters vom letzten Jahr auch bei einem Kritikgespräch nennen.

Klarheit zu Gesprächsgrund und Gesprächsziel

Nennen Sie immer ganz klar und konkret den Grund und das Ziel eines Gespräches. Dies schafft Klarheit, führt zu konkreten Ergebnissen, spart Zeit und fokussiert auf das Wesentliche. Oft ist es empfehlenswert, als erstes die Situation zu klären, die Problemlösung jedoch offen zu lassen und erst am Schluss des Gespräches mit dem Mitarbeiter zusammen zu erörtern.

Individuelle Motivationsprioritäten erkunden

Es lohnt sich, in Mitarbeitergesprächen die individuellen Motivatoren und Demotivatoren herauszufinden, in dem man sowohl spezifische Bedürfnisse und Erwartungen eruiert, zugleich aber die Wertvorstellungen und Glaubenssätze in Erfahrung bringt. Konkrete Fragen dieser Art können sein:

- Welches sind die Herausforderungen, die Sie motivieren?
- Was ist Ihnen an Ihrem Arbeitsplatz besonders wichtig?
- Was bedeutet Ihnen bei der Arbeit bei uns am meisten?
- Anerkenne ich Ihre Leistung als Vorgesetzter genug?
- Welche Art von Unterstützung hilft Ihnen besonders?
- Wo "drückt der Schuh" zurzeit am meisten?
- Welche unserer Dienstleistungen schätzen Sie am meisten?
- Was kann ich tun, um Ihre Arbeit interessanter zu machen?

Das nachfolgende Profildatenblatt gestattet die Erfassung motivationsrelevanter Informationen für Mitarbeiter, um auf eben solche individuelle Motivationsprofile eingehen zu können. Ein solches Datenblatt kann mit persönlichen Erlebnissen, Beobachtungen und dergleichen, also einer "Motivations-History", ergänzt werden.

Merkpunkt für die Praxis

Entscheiden Sie sich für jene Verhaltensweisen, Massnahmen und Instrumente, welche am besten zur Unternehmenskultur, zum Führungsstil und zur Persönlichkeit passen. Weniger ist dabei deutlich mehr und vor allem steigert man damit die Glaubwürdigkeit und Authentizität.

Motivationsprofil pro Mitarbeiter
Vorname, Nachname
Eintritt
Zivilstand bzw. privates Lebensumfeld
Funktion und Position
Geburtstag: Lebenspartnerin:
Kerntätigkeit und –anforderung:
Work-Life-Balance-Ausprägung:
Grundwerte
❑ Erfolg ❑ Sicherheit ❑ Anerkennung ❑ Materielles ❑ Teamakzeptanz   andere, nämlich:
Charakter, Persönlichkeit in Stichworten:
Hobbys
Stärken und Talente
Fähigkeiten, Persönlichkeit, Emotionalkompetenz
Familien- oder Privat-Situation
Vorlieben, Hobbys, Familiäre Situation, Kinder
Teamverhalten
Als Person:
Vom Team aus:
Präferenzen allgemeiner Art
Kulturelle Vorlieben:
Bevorzugtes Essen:
Bevorzugtes Ferienland:
Automarke:
Lieblingsautor oder -buchthema:
Anderes:
Bemerkungen, Beobachtungen und Kommentare:

Praxisbewährte Gesprächstechniken

Anerkennung schafft die beste Grundlage

Sprechen Sie – am besten zu Beginn eines Gespräches – positive Punkte oder, wenn angebracht, Anerkennung aus – dies schafft eine gute Gesprächsatmosphäre. "Herr XY, ich kenne und schätze Sie als sehr zuverlässigen und pflichtbewussten Mitarbeiter. Dies haben Sie zum Beispiel vor einem Monat bewiesen, als Sie... . Heute muss ich allerdings folgendes Problem mit Ihnen besprechen...".

Feedback geben – das Mittel der Profis

Geben Sie zwischendurch und am Schluss eines Gespräches immer eine Zusammenfassung, die auch Aussagen und Meinungen des Mitarbeiters enthält und holen Sie sich dann Feedback vom Gesprächspartner ein, ob Sie ihn richtig verstanden haben, er dies ebenfalls so beurteilt und für ihn Wichtiges nicht fehlt.

Sprechen Sie den Mitarbeiter mit Namen an

Dies signalisiert Respekt und Ernsthaftigkeit. Nennen Sie den Namen, vor allem bei Aussagen oder Äusserungen, um deren Wichtigkeit zu unterstreichen und damit auch die Aufmerksamkeit des Gesprächspartners zu erreichen.

Konfliktgespräche mit Objektivität versachlichen

Bei Kritikgesprächen tragen Fakten, Arbeitsbeispiele, konkrete Vorfälle, Zahlen oder Verhaltensweisen, - die eventuell Auswirkungen auf Personen und Unternehmen beweisen - zur Sachlichkeit und Konkretisierung bei. Entschärfen Sie Konflikt- oder Kritikgespräche mit folgender Einleitung: "Ich habe gestern vom Vorfall XY erfahren – dies hat mich sehr beschäftigt. Zuerst aber möchte ich dazu Ihre Meinung und Ihre Sicht der Dinge erfahren, damit ich ein faires und objektives Urteil fällen kann."

Erwartetes Verhalten oder Ziel klar kommunizieren

Ziele und erwartete Verhaltensweisen sollten klar kommuniziert werden, und zwar zum Beispiel bei Fehlverhalten mit dem konkreten, erwünschten Verhalten oder bei einer mangelhaften Leistung neue, erwartete quantitative und qualitative Zielsetzungen.

Konzentration auf das Thema und den Gesprächsanlass

Es besteht in jedem Gespräch die Gefahr des Abschweifens. Man holt zu weit aus, spricht plötzlich über Gott und die Welt, verliert sich in Details oder man greift auf Ereignisse zurück, die ein halbes Jahrhundert zurückliegen. Die disziplinierte Konzentration auf das Wesentliche, auf das Gesprächsthema und den –anlass ist wichtig. Konzentration spart Zeit und Energie, reduziert die Gefahr des sich Verzettelns und bietet Gewähr, das Gesprächsziel und die Problemlösung im Auge zu behalten.

Aufmerksamkeit und Konzentration fördern

Nur wenn Mitarbeiter am Gespräch teilnehmen, zuhören und sich konzentrieren, kann es erfolgreich verlaufen. Folgende Techniken helfen dabei:

- *Sprechweise variieren* (schnell, langsam, laut, leise, betonen usw.)
- Mit *Beispielen* veranschaulichen
- *Fragen* zum Verständnis stellen
- *Mitarbeiternutzen* aufzeigen (Das hat für Sie den Vorteil, dass...)
- *Pausen* einlegen, um das Verständnis zu fördern
- *Visualisierung,* z.B. auf einem Stück Papier oder auf Flipchart
- *Strukturierung* von Inhalten und Aussagen (also erstens, zweitens, drittens oder: Wir haben drei Problemkreise, die es zu lösen gilt...)
- Klar und einfach formulierte Wiederholungen von Wichtigem
- Massnahmen und Vereinbarungen in *Zusammenfassung* verankern

Mehr Klarheit und aktive Gesprächsführung

Folgende erprobten Gesprächstechniken verhelfen zu mehr Klarheit und einer aktiven und führenden Rolle in der Gesprächsführung:

- *Verstärkung* von beidseitig Gesagtem
- *Zusammenfassung* wichtiger Erkenntnisse oder Massnahmen
- *Konkretisieren* von bestimmten Sachverhalten
- *Sprechpausen* zur Hervorhebung wichtiger Aussagen
- *Schrittweises* Aufzeigen von Vorgehensweisen
- *Fragen*, die führen, steuern und gegenseitige Klarheit schaffen

Nach dem Wie und nicht nach dem Warum fragen

"Warum sind Ihre Leistungen in letzter Zeit dermassen schwach und ungenügend?". Eine solche Warum-Frage engt ein und manövriert einen Mitarbeiter in eine Verteidigungssituation. Konstruktiver und sachdienlicher sind im Allgemeinen - je nach Gesprächssituation, Problemstellung und Gesprächspartner - Wie-Fragen. "Wie können wir aus Ihrer Sicht gemeinsam Ihre Leistungen verbessern?". So wird der Coachinganspruch klar erfüllt, auf dem konstruktiven Weg durch Selbsterkenntnisse Fortschritte zu erzielen und Lösungen zu finden.

Verallgemeinernde Bewertungen in Frage stellen

"Ich bin offensichtlich ein Mensch, der sich nicht motivieren lässt". Bewertungen dieser Art können und müssen in einem Gespräch hinterfragt werden. Beispiel: "Für wen ist dies denn offensichtlich?" oder "In welchen Situationen haben Sie denn dieses Gefühl?" Diese Technik des Nachfragens zielt darauf ab, dass sich Mitarbeiter bei gewissen Bewertungen kritisch hinterfragen.

Glaubwürdige Gefühls- und Bedürfnisäusserung

Äussern Sie in Gesprächen direkt Ihre Gefühle und Bedürfnisse, was eine glaubwürdige Vertrauensbasis und konstruktive Gesprächsatmosphäre schafft. Erreicht werden kann dies vor allem mit folgenden Techniken und Einstellungen:

- Akzeptieren Sie Ihre eigenen Gefühle so, wie sie sind
- Drücken Sie Ihre Gefühle direkt aus
- Äussern Sie Ihre Gefühle ichbezogen
- Vermeiden Sie Verallgemeinerungen
- Formulieren Sie Ihre Gefühle ohne Anklage oder Werturteil

Aktivierung von Gefühlsäusserungen

Helfen Sie aber auch Ihrem Gesprächspartner, seine Gefühle und Bedürfnisse offen und ohne Scheu auszudrücken. Erreicht werden kann dies vor allem mit folgenden Techniken und Einstellungen:

- Akzeptieren Sie, dass Ihr Partner Gefühle, Bedürfnisse und Wünsche hat, die nicht mit Ihren Vorstellungen übereinstimmen.
- Teilen Sie Ihrem Partner mit, dass Sie ihn verstanden haben: Die sofortige Äusserung der eigenen Meinung zu dem Problem zurückhalten (nicht gleich bewerten, kritisieren oder Ratschläge geben).
- Nachfragen, ob man den Gesprächspartner richtig verstanden hat (Verstehe ich richtig, dass Sie da...?).
- Teilen Sie Ihrem Partner die Gefühle mit, die sein Wunsch in Ihnen auslöst.

Wie man Wünsche und Anliegen konkret äussern kann

Je nach Gesprächsziel und –thema können es auch Wünsche, Anliegen, Bitten sein, die zur Problemlösung oder Zielerreichung beitragen. Erreicht werden kann dies vor allem mit folgenden Techniken und Einstellungen:

- Teilen Sie Ihre Wünsche ausdrücklich mit, auch Dinge, die Ihnen unangenehm, aber sehr wichtig sind.
- Formulieren Sie Ihre Wünsche als Wünsche, nicht als Forderung, Kritik oder Drohung.
- Formulieren Sie Ihre Wünsche ganz konkret, unter Angabe quantitativer und situativer Bedingungen.
- Formulieren Sie Ihre Wünsche zukunftsbezogen.
- Verdeutlichen Sie Ihrem Partner, wie wichtig ein Wunsch für Sie ist.
- Erklären Sie Ihrem Partner, welche Gefühle und Hintergrundbedürfnisse mit Ihrem Wunsche zusammenhängen.

Aktives Zuhören – der Schlüssel zum Gesprächserfolg

Aktiv zuhören bedeutet, dass der Coach an den Ansichten und Meinungen des Sprechenden interessiert ist: Er wendet sich offen seinem Gesprächspartner zu (Körpersprache). Mit einem gelegentlichen "Ja" und einem Nicken bestätigt er seinem Gegenüber, dass er ihm noch folgen kann. Mit einer zusammenfassenden Zwischenfrage "Habe ich Sie richtig verstanden, dass ..." bekundet der Coach sein Interesse und ist gleichzeitig sicher, das Gesagte richtig verstanden zu haben. Der Eindruck des Interesses wird noch vertieft, indem Notizen zu den Erörterungen des Gesprächspartners gemacht werden.

Konkretes Verhalten beim aktiven Zuhören

Blickkontakt, Zwischenfragen, zugewandte Körperhaltung und Signale der Zustimmung sind die Kernelemente des aktiven Zuhörens. Dieses Gesprächsverhalten ist auch in der Praxis von Mitarbeitergesprächen deshalb so hilfreich und bedeutend, weil wir hierdurch einen persönlichen Kontakt herstellen können, die Gesprächsatmosphäre entspannen und bei verhärteten Standpunkten leichter eine emotionale Übereinstimmung erzielen können.

Konsequenzen des aktiven Zuhörens

Aktives Zuhören hat eine Reihe von wesentlichen Konsequenzen im Gesprächsverhalten und äussert sich in der Praxis von Mitarbeitergesprächen vor allem in folgenden Punkten:

- Das Interessante und Wichtige herausfinden
- Zurückhaltend bleiben und Ablenkungen widerstehen
- Sich auf den Gesprächspartner konzentrieren
- Diese Konzentration durch Körperhaltung ausdrücken
- Körper zuwenden, nicht reglos vor Gesprächspartner sitzen
- Eigene Meinung zurückhalten, Nachfragen bei Unklarheiten
- Und vor allem auch: Zuhören heisst nicht gutheissen
- Versuchen, das Positive am Partner zu erkennen
- Sich nicht zu sehr von negativen Dingen einnehmen lassen
- Kurzäusserungen zeigen Bestätigungen
- Geduld haben und nicht unterbrechen
- Hinter Rolle Menschen mit Gefühlen und Bedürfnissen sehen
- Den Partner durch freundliche Zuwendung entspannen
- Sich durch Vorwürfe und Kritik nicht nervös machen lassen
- Aufmerksam zu hören und sich in Situation des Partners versetzen
- Dies verbal und nonverbal zeigen und signalisieren

Gefühle des Gesprächspartners widerspiegeln

Diese Technik aus der sogenannten Meta-Kommunikation ist sehr wirkungsvoll, da der Schwerpunkt daraufgesetzt wird, wie ein Gespräch geführt wird und emotional geladene Situationen von der Beziehungswieder auf die Sachebene verlagert werden können. Beispiele solcher Fragen:

- Ich habe den Eindruck, dass wir uns jetzt im Kreis drehen und nicht wirklich weiterkommcn
- Ich empfinde Sie jetzt als sehr aggressiv und das überträgt sich auf mich
- Hat Sie jetzt etwas geärgert, sprechen Sie es bitte offen aus
- Ich werde das Gefühl nicht los, dass Sie das wirkliche Problem nicht ansprechen. Sollte dies zutreffen, machen Sie dies bitte, denn nur mit Offenheit können wir das Problem lösen.

Mitarbeiter aus der Reserve locken

Je nach Typ des Gesprächspartners und des Gesprächsthemas kann ein Gespräch sehr mühsam verlaufen, wenn Mitarbeiter sich kaum äussern. Verschiedene Fragen können weiterhelfen, wie z.B. "Was meinen Sie würde passieren, wenn Sie diese Entscheidung trotzdem fällen würden?". Oder: "Denken Sie mal an die Besprechungen der letzten Monate zurück – in welchen Situationen haben Sie sich besonders unwohl gefühlt?", "Können Sie mir ein Beispiel nennen?", "Das verstehe ich nicht ganz, erklären Sie es mir bitte näher?".

Ängste und Befürchtungen nehmen

Gerade bei Kritikgesprächen können unbegründete Ängste ein Gespräch bzw. einen Mitarbeiter blockieren. Hier können Fragen wie "Was würde denn passieren, wenn Sie es dennoch täten" oder "Was geschähe, wenn Sie es dennoch versuchen würden?". Zudem ist die Versicherung, dass ein Gespräch garantiert vertraulich ist und diskret behandelt wird, oft hilfreich. Dies entspricht der Coachingphilosophie der Hilfe zu Selbsthilfe und des aktiven Erkennens einer Situation auf optimale Weise.

Gewisse Sachverhalte visualisieren

Übermitteln Sie zentral wichtige Sachverhalte zwischendurch mit Skizzen auf einem Blatt Papier. Dies kann ein Gespräch auflockern und komplexe Zusammenhänge vereinfachen. Es dient visuell orientierten Mitarbeitern oft auch zu einem besseren Verständnis.

Ist Ihr Gesprächspartner visuell orientiert?

Dann versuchen Sie z.B. in Bildern oder mit bildhaften Vergleichen zu formulieren und solche Begriffe zu verwenden. ("Ich sehe, dass Sie..." – "Ich kann mir gut vorstellen, dass..."). Es gibt aber auch auditiv veranlagte Menschen. Dann sind Formulierungen wie "Das klingt gut" oder "Ich kann heraushören, dass Sie die Situation sehr ähnlich beurteilen" geeignet. Kinästhetisch orientierte Personen sprechen auf Begriffe an wie "Ich habe ein gutes Gefühl " oder "Das fühlt sich grossartig an".

Die Ich-Haltung mit Emotionen bewirkt mehr

Man weiss aus der Gesprächspsychologie, dass diese Art der Formulierung eine starke Wirkung hat, indem man in der Ich-Form aus der selbst erlebten Gefühlssituation heraus kommuniziert. Erklären Sie klar und deutlich, was Sie stört. Mit Ich-Botschaften fühlt sich der Mitarbeiter nicht angegriffen und ist offener für eine Lösung. Diese Beobachtung beschäftigt mich und ich möchte dafür die Gründe herausfinden". Ein seine Emotionen zeigender Coach schafft zum Gesprächspartner eine Brücke des Vertrauens.

Finden Sie einen positiven Gesprächsabschluss

Geben Sie Ihrer Überzeugung Ausdruck, dass dieses Gespräch das Problem lösen wird. Oder dass Sie den Eindruck haben, dass die Situation nun offen besprochen und gute Massnahmen getroffen wurden.

Gesprächsabschluss: Konkrete Vereinbarungen treffen

Beenden Sie ein Gespräch immer mit konkreten Zielen, Massnahmen-Vereinbarungen, Terminen und bieten Sie konkrete Hilfestellungen an. "Wir müssen dieses Problem gemeinsam lösen – ich möchte Ihnen dabei auch helfen. Wo oder wie könnte ich Sie dabei am besten unterstützen?". Es kann vorteilhaft sein, direkte Vorgesetzte, Personalfachleute, Abteilungskollegen, Moderatoren usw. miteinzubeziehen oder dies in der Schlussphase bei der Massnahmenabklärung zu tun.

Merkpunkt für die Praxis

Der positive Gesprächsabschluss hat grossen Einfluss auf die Handlungsbereitschaft und Motivation dazu. Er zeigt, dass man Vertrauen in den Mitarbeiter und eine gute Lösung hat und signalisiert Zuversicht in die Fähigkeiten und Stärken des Mitarbeiters, Besprochenes im Interesse aller konstruktiv umzusetzen.

Der Gesprächsabschluss bleibt haften

Formulieren Sie auf jeden Fall eine Inhaltszusammenfassung des Gespräches und sprechen Sie getroffene Vereinbarungen noch einmal ausdrücklich an! Legen Sie - je nach Art des Gespräches – eventuell einen neuen Termin fest, an dem Sie besprechen, inwieweit die Vereinbarungen realisiert werden konnten. Dies dient der Erfolgskontrolle. Bedanken Sie sich bei dem Mitarbeiter für das Gespräch!

Abmachungen schriftlich festhalten

Ein Kurz- oder Beschlussprotokoll – das auch vom Mitarbeiter geschrieben werden kann -, fasst Wichtiges zusammen, symbolisiert die Bedeutung, hat grösseren Verpflichtungscharakter und kann je nach Anlass auch später ein wichtiger Beleg sein.

Praxisbewährte Verhaltensweisen

Vor dem Gespräch Einverständnis einholen

Bei sehr heiklen und emotional geladenen Gesprächen kann es ratsam sein, vor dem stattfindenden Gespräch ein bis zwei Tage vorher das Einverständnis des Gesprächspartners einzuholen. Eine solche Frage kann lauten: "Es ist für mich sehr wichtig, dieses Thema heute mit Ihnen in aller Offenheit zu besprechen. Ist das für Sie in Ordnung?".

Sich auf den Gesprächspartner einstellen

Man weiss aus der Kommunikationspsychologie, dass das Einstellen auf die Verhaltensweisen des Gesprächspartners unbewusst Vertrauen und Harmonie bewirken. Dazu gehört die Körperhaltung, die Gestik, die Wortwahl, die Sprechweise, aber auch das Niveau und die Sichtweise.

Die Gestik und Mimik sagen oft die Wahrheit

Die Gestik – also der Einsatz von Armen und Händen – kann Ihre Aussagen unterstreichen oder ihnen widersprechen. Unser aller Interesse ist es, auf unsere Umgebung einen Eindruck ohne innere Widersprüche zu machen. Um dieses Ziel zu erreichen, finden Sie hier einige praktische Regeln zur Körperhaltung: Natürliche Gesten werden mit Einsatz von Armen und Händen gemacht. Beispiele: Höhe der Hände: Sind Ihre Hände auf Brusthöhe oder höher, so ist die Aussage positiv. Stehen Handflächen während Ausführungen senkrecht, so ergibt das ein neutrales Bild. Mit Handflächen, die nach oben zeigen, übermitteln Sie Ihrem Gesprächspartner ein positives Bild.

Einbezug und Äusserungen der Körpersprache

Beachten Sie stets die Übereinstimmung von Verhalten und dem Gesagten. Sie können wichtige Widersprüche feststellen, die Sie warnen oder auf versteckte Unstimmigkeiten hinweisen. Dazu ein Beispiel aus der Gesprächspraxis: Jemand erzählt Ihnen von seinen ausgezeichneten Führungsqualitäten und seiner Durchsetzungsstärke. Sie erkennen aber mehrere Anzeichen von mangelndem Selbstbewusstsein und Unsicherheit im Verhalten (z.B. allgemeine Nervosität, wenig Blickkontakt, fluchtbereites Sitzen auf der äussersten Sitzkante des Stuhles, Verstecken der Hände u.v.m.).

Gute Gesprächsführer sind gute Zuhörer und Beobachter

Dies ist eine immer wieder bestätigte Tatsache aus der Gesprächspraxis, wobei die Beobachtung auf der verbalen und nonverbalen Ebene abläuft. Achten Sie auf jedes Detail, auf Verhaltensweisen, auf Gesten, auf Reaktionen, die mehr verraten können, als die schönsten Absichtserklärungen. Es sind dies unter anderem:

- Körperhaltung, Händedruck und Zugewandtheit
- Redewendungen und Art der Beispiele
- Selbstvertrauen, Auftreten, Sicherheit
- Wortwahl (die Wortwahl spiegelt oft Einstellung und Mindsets wider)

Welches sind die Grundmotivatoren?

Menschen lassen sich von unterschiedlichen Prinzipien, Glaubenssätzen und Lebenszielen leiten. Es kann wichtig und sehr hilfreich sein, solche Grundhaltungen in einem Gespräch zu (er)kennen. Es können sein: Erfolg, Anerkennung, Materielles, Ehrlichkeit, Zuwendung, Beständigkeit usw. Fragen wie "Was bedeutet das denn für Sie?" oder "Was gibt Ihnen denn diese Gewissheit?". Antworten können dann sein: "In meiner Arbeit respektiert zu werden und Erfolg zu haben, bedeutet mir eben sehr viel". Damit wird der Glaubenssatz klar, dass Erfolg und Respekt bei einem Mitarbeiter mit einer solchen Aussage eine ganz zentrale und wichtige Rolle spielen.

Merkpunkt für die Praxis

Messen Sie diesem Aspekt grösste Bedeutung zu. Werden die falschen Grundmotivatoren angesprochen oder die wichtigen vernachlässigt, verpufft die Wirkung. Die Wirksamkeit von Status, Anerkennung, Teamklima, Zielausrichtung usw. ist unterschiedlich – und nur im Gespräch und mit Beobachtungen können individuelle Grundmotivationen eruiert werden.

Wohlwollen statt Bestrafung und Abrechnung

Feedback wird instinktiv nur dann angenommen, wenn der andere eine wohlwollende Gesinnung dahinter spürt. Jeder Versuch, den anderen mit einem Feedback kleiner zu machen oder zu bestrafen - gleich ob bewusst oder unbewusst -, macht aus der Beurteilung eine feindselige Handlung. Feedback verdient diese Bezeichnung nur dann, wenn es dazu da ist, den anderen grösser zu machen. Voraussetzung ist, dass die persönliche Beziehung frei von "offenen Rechnungen" ist.

Eine Brücke des Verstehens bauen

Formelle Mitarbeitergespräche sind sehr effektive Gelegenheiten, um eine Brücke zwischen Ihnen und Ihren Mitarbeitern zu bauen und zu erhalten. Sie können sie nutzen, um offen zu kommunizieren und sich auszutauschen, klare Vereinbarungen zu treffen und gemeinsam Ziele festzulegen. Es wäre schade, wenn Sie sie nicht voll nutzen - und sich selbst durch negative Gedanken (mögliche Antipathie, unliebsame Vorfälle, kürzlich stattgefundenes Konfliktgespräch, ungenügende Qualifikation vom letzten Jahr usw.) und Erwartungen blockieren würden.

Auf Stellungnahme des Mitarbeiters Wert legen

Es gehört zu einem partnerschaftlichen Gespräch, dass immer wieder die Meinung, die Stellungnahme, die Ansicht des Mitarbeiters eingeholt wird. Dies gilt auch für Massnahmen und Vereinbarungen. Bleibt eine Abwehr bestehen oder kann ein Mitarbeiter nicht hinter Abmachungen stehen, sind auch ein Gespräch und Massnahmen sinnlos.

Ihre Einstellung hat grossen Einfluss auf ein Gespräch

Eine wesentliche Rolle dafür, wie Ihre Mitarbeitergespräche ablaufen und wie viel sie beiden Seiten bringen, spielt Ihre Einstellung zum Thema Mitarbeitergespräche. Nur wenn Sie als Führungskraft von deren Nutzen überzeugt sind und sie als ein wesentliches Führungsinstrument interpretieren, werden Sie sie motiviert, zielorientiert und engagiert durchführen. Wie Sie selbst über Mitarbeitergespräche denken, was Sie sich davon versprechen und wie wichtig Sie sie nehmen, prägt nämlich ganz massgeblich und wird von Mitarbeitern oft intuitiv wahrgenommen. Zum Beispiel: Wie Sie über Mitarbeitergespräche reden – wie Sie sie ankündigen – welche Bedeutung Sie ihnen selber und vor anderen geben – wie intensiv und gut Sie sich vorbereiten – wie gut und sinnvoll Sie sie einplanen und in den Arbeitsalltag integrieren – wie positiv und konstruktiv sie ablaufen.

Objektiv beschreiben, statt persönlich bewerten

Damit Sie den Mitarbeiter erreichen, müssen Sie sein Verhalten und die Auswirkungen möglichst genau beschreiben. Je präziser und detaillierter Ihre Beschreibung ist, desto weniger ist der Partner auf Spekulationen angewiesen, und desto klarer wird sein Bild von dem fraglichen Verhalten und seinen Folgen. Ein Beispiel: Beschreiben Sie ein aufbrausendes und unbeherrschtes Verhalten am Telefon sachlich und anhand von Beispielen und Vorfällen. Die Auswirkungen dieses Verhaltens (Kundenverlust, Reklamationen, Auswirkungen auf Arbeitsklima) sollten ebenso sachlich beschrieben werden, eventuell mit Zahlen oder Originalzitaten von Kunden und Mitarbeitern.

Motivationsstärkung bei Konflikten

Man kennt in der Kommunikations- und Gesprächspsychologie mehrere mögliche Konfliktherde. Diese zu kennen und zu unterscheiden, kann auch in der Praxis sehr hilfreich sein und die einzuschlagende Gesprächsstrategie unterstützen. Man kennt sieben Konfliktarten:

- Begrenzt Vorhandenes, Limitiertes (z.B. Kaderfunktionen)
- Unterschiedliche Interessen, Meinungen (Interessenkonflikt)
- Unterschiedliche Ziele (Zielkonflikt)

- Unterschiedliche Informationsvermittlung und -weitergabe
- Unterschiedliche Erwartungen der Beteiligten (Rollenkonflikt)
- Rivalitäten zwischen Menschen und Gruppen (Konkurrenzkonflikt).

Führungskräfte finden sich im Alltag sehr oft als Konfliktmanager wieder. Sie bestimmen mit ihrem Verhalten und ihrer Person das Konfliktklima, den allgemeinen Umgang mit Konflikten und deren Lösungen.

Das Erkennen typischer Motivationsprobleme

Je früher Konflikte erkannt werden, desto besser und schneller können sie konstruktiv in einem Gespräch angegangen werden, bevor sie eskalieren. Konflikte zeigen meistens folgende Symptome:

- Verschlechterung der Kommunikationsbeziehung
- Entstehung verstärkter Eifersucht
- Steife und förmliche Kommunikation
- Zunehmende Feindseligkeiten/Sticheleien
- Bei Problemen wird der Schuldige, nicht die Lösung gesucht
- Verstärktes Berufen auf Richtlinien und Anweisungen
- nervöse, spannungsgeladene Atmosphäre
- Verschlechterung der Arbeitsmoral

Merkpunkt für die Praxis

Das schnelle Erkennen von Motivationsproblemen und das sofortige Ansprechen darauf sind sehr wichtig. Ansonsten besteht die Gefahr, dass sich Probleme verstärken, andere Massnahmen zunichtemachen, ein ganzes Team negativ beeinflussen und schnell zu innerer Kündigung führen können. Solche Gespräche sind zudem ein "Pulsfühler" und generelles "Frühwarnsystem".

Was die Einstellung zu Konflikten beeinflusst

Es ist wichtig, sich der Bedeutung von Einstellungen zu Konflikten und Konfliktgesprächen bewusst zu sein. Denn nur so gelingt auch eine souveränere und sicherere Gesprächsführung und selbstkritische Überprüfung der eigenen Haltung. Hilfreich beim Erkennen Ihrer Einstellungen sind zum Beispiel:

Die Wahrnehmung: Erkenne ich Konflikte rechtzeitig? – Verdränge/verleugne ich Konfliktsignale oder meine negative Haltung?

Die Gefühle: Reagiere ich ängstlich, hilflos, aggressiv? Stelle ich mich mutig dem Konflikt?

Das Verhalten: Gehe ich den Konflikt offen, aktiv, kooperativ und konstruktiv an? Weiche ich den Konflikten aus?

Positive und offene Konflikt-Gesprächsführung

Die Erfahrungen aus der Praxis zeigen, dass folgende sechs Haltungen erheblich zu einer offenen Konflikt-Gesprächsführung beitragen

- Sprechen Sie den Konflikt an
- Kontrollieren Sie dabei Ihre Erregung
- Stellen Sie Vertrauen her
- Sprechen Sie offen, über das, was Sie bewegt
- Streben Sie eine gemeinsame Problemlösung an
- Treffen Sie Vereinbarungen

Sehr wichtig zum Schluss: verarbeiten Sie das Gespräch für sich persönlich und reflektieren Sie die entscheidenden Phasen unvoreingenommen.

Verhaltensregeln im Konfliktgespräch

Beachten Sie folgende einfachen Regeln besonders:
- Hören Sie aufmerksam und geduldig zu
- Nehmen Sie Ihren Gesprächspartner mit all seinen Gefühlen und Gedanken ernst
- Ermuntern Sie zu freiem, offenem Reden
- Bewerten oder verurteilen Sie keinesfalls das Gesagte. Bleiben Sie geduldig und ausführlich
- Zeigen Sie, dass Sie sich mit dem anderen beschäftigen (z.B. zugewandte Gesprächshaltung)

Umgang mit Aggressionen im Gespräch

Es gibt viele Situationen im Berufsalltag, welche Aggressionen erzeugen können, manchmal wie ein Blitz aus heiterem Himmel völlig unvorbereitet, sei es wegen Intrigen oder extremen Stressbelastungen. Angebrachte "Sofort-Verhaltensweisen" und Soforthilfen sind:

- Eigene, echte Betroffenheit zeigen
- Nach den Gründen fragen und Anliegen ernst nehmen

- Danken für die Chance, zu wissen, was falsch läuft und für die Chance, das Ärgernis zu beseitigen
- Ruhig bleiben - Gefühle des anderen widerspiegeln, z.b.: Sie sind vermutlich dermassen verärgert, weil...
- Die eigenen Gefühle beschreiben
- Keinesfalls abblocken - Eventuell einen geeigneteren Zeitpunkt für das Gespräch vorschlagen
- Notizen machen und Gesagtes bestätigen und in aller Ruhe gut sichtbar notieren.

Was konkret zur Konfliktlösung beiträgt

Oft besteht das Ziel von Gesprächen ja darin, Konflikte zu lösen oder zu erkennen. Die Wege und Mittel dazu:

- *Nur* und stets *alle* Betroffenen einbeziehen und den direkten und offenen Dialog herstellen.
- Nur eine neutrale Person kann ein Gespräch in Gang bringen, Offenheit erreichen und den Dialog kontrollieren.
- Gefühle offenlegen: Nur dann können Enttäuschungen und Frustrationen wirklich abgebaut und die Ursachen erkannt werden. Eine klare Aufforderung des Gesprächsleiters, dies zu tun und Offenheit und Vertrauen sind dazu absolut notwendig.
- Aufbereitung der Vergangenheit, (Was führte zum Konflikt, welche Umstände oder Ereignisse haben diese Wut ausgelöst).
- Massnahmen zur Vermeidung künftiger Konflikte dieser Art (Führungsverhalten, Bewertungssysteme, Zusammensetzung von Meetings usw.)

Das Bewältigen von Konfliktgesprächen

Das Konfliktgespräch (Streitgespräch) ist ein Vorgang zur Lösung einer Schwierigkeit und kein Kampf, aus dem Gewinner und Verlierer hervorgehen sollen. Die Praxis zeigt, dass folgende vier Punkte besonders hilfreich sind:

- Versuchen Sie nicht, einen Streit zu gewinnen, sondern den Konflikt zu lösen.
- Versuchen Sie nicht in der Vergangenheit, einen Schuldigen zu finden, sondern bemühen Sie sich, das Problem in der Gegenwart zu lösen.
- Teilen Sie Ihrem Gesprächspartner offen mit, wenn Sie ein Konfliktgespräch wünschen.
- Einigen Sie sich auf einen konkreten Konfliktpunkt.

Gesprächsabschluss: konkrete Vereinbarungen treffen

Beenden Sie ein Beurteilungsgespräch immer mit konkreten Zielen, Massnahmen-Vereinbarungen, Terminen und bieten Sie konkrete Hilfestellungen an. "Wir müssen diese Leistungsdefizite gemeinsam beseitigen – ich möchte Ihnen dabei auch helfen. Wo oder wie könnte ich Sie dabei am besten unterstützen?" Es kann bei der konkreten Besprechung und Entscheidung von Massnahmen vorteilhaft sein, direkte Vorgesetzte, Personalfachleute, Abteilungskollegen, Moderatoren usw. miteinzubeziehen oder dies in der Schlussphase bei der Massnahmenabklärung zu tun.

Nicht den Menschen, sondern die Leistung beurteilen

Eine wichtige Grundregel für die Beurteilung lautet, dass nicht der Mensch beurteilt wird, sondern immer nur seine Leistung und sein Verhalten. Eine Beurteilung des Menschen steht weder dem Vorgesetzten noch dem Unternehmen zu. Die Beurteilung hat sich auf die Aspekte zu beschränken, für die ein Mitarbeiter eingestellt ist und entlöhnt wird.

Merkpunkt für die Praxis

Die Intelligenz und den Realitätssinn zu haben, das zu erkennen, was sich verändern und mit Mut angehen lässt, das zu akzeptieren und mit Gelassenheit hinzunehmen, was unveränderbar ist – und das eine vom anderen dann sogar noch unterscheiden zu können – dies zeichnet oft die kompetente und erfahrene Führungskraft aus.

Schon die Kritik muss den Glauben an die Verbesserung enthalten

Wenn dies gelingt, ist die Akzeptanz einer Kritik und die Chancen einer Leistungsverbesserung um vieles höher, da der damit zum Ausdruck kommende Glaube an die Fähigkeiten des Mitarbeiters und seine Bereitschaft zur Leistungsverbesserung auch den Ehrgeiz anspricht.

Ist also beispielsweise die Termineinhaltung ein häufiges Problem, so ist die Aussage "Sie müssen sich bewusst sein, dass Ihre Terminverspätungen in der Spedition oft zu Stress führen. Da Sie aber auf Ihrem Gebiet ein routinierter Experte sind und ja auch die neue Software hervorragend beherrschen, sollten Sie diese Schwäche eigentlich problemlos beheben können".

Was ist veränderbar und was nicht

Dies ist eine zentrale Überlegung, die wesentlich zu konstruktiven Beurteilungsgesprächen beiträgt. Nicht veränderbare Mängel können wegen fehlender Ausbildung bestehen (ohne Buchhaltungsgrundlagen kann eine Sekretärin sich auch in einfachen Buchungen nicht verbessern) oder durch stark ausgeprägte Persönlichkeitseigenschaften (ein eher chaotischer, sich auf das "big picture" orientierender Mitarbeiter kann sehr kreativ sein, aber Detailfehler in Statistiken eher nicht zuverlässig feststellen).

Motivierende Mitarbeitergespräche

Das persönliche Gespräch und die persönliche Begegnung haben noch immer die stärkste Motivationswirksamkeit, insbesondere das konkrete Verhalten, die Kommunikation als Ganzes und das Mitarbeitergespräch im Besonderen. Die folgenden Mustergespräche sollen Ihnen helfen, wichtige Motivationsaspekte auch in der direkten Gesprächspraxis zu erkennen und anzuwenden.

Beurteilungsgespräch

Hintergrundinformationen zum Gesprächsthema

Beurteilungsgespräche sind einerseits Personalentwicklungsgespräche zur Überprüfung der Zielerreichung, zur Ergreifung von Aus –und Weiterbildungsmassnahmen und gegenseitiges Feedback zu Leistung, Verhalten und ein Zukunftsausblick für Mitarbeitende und das Unternehmen. Allerdings haften Beurteilungsgesprächen immer auch ein wenig das "Notenverteilen" und eine "Examensstimmung" an.

Die Kernelemente dieses Gespräches

Beurteilungsgespräche sollten schwerpunktmässig zukunfts- und lösungsorientiert sein und nicht Schwächen, Versagen und Negatives, sondern konstruktive Elemente, Ziele und Massnahmen zur Optimierung und Verbesserung von Schwächen oder Defiziten enthalten.

Mögliche Gesprächsbausteine

Gesprächseröffnung

Frau Loser, vielen Dank für das genaue Ausfüllen des Beurteilungsbogens, welcher für dieses Gespräch eine wichtige Grundlage bildet. Interessant ist es nun, jene Punkte zu besprechen, in denen wir übereinstimmen und die wir ähnlich beurteilen – erfreulicherweise gibt es da ja einige...

Beachten: Beurteilungsbögen können vorher getrennt ausgefüllt werden. Die Konzentration auf die gemeinsamen und übereinstimmenden Interessen schafft eine konstruktive und vertrauensvolle Atmosphäre.

Das Gute zuerst sowie klar und konkret

Frau Loser, was die Verbesserung Ihrer Excelkenntnisse und die Arbeitsgenauigkeit und Termintreue betrifft, haben Sie und ich eine Steigerung von 3 auf 5 Punkte notiert. Schön, dass wir hierin beide voll übereinstimmen. Ich finde tatsächlich, dass Sie sich hier in kurzer Zeit massiv verbessert und viel Initiative an den Tag gelegt haben. Das freut mich wirklich sehr!

Beachten:	Mit der Nennung konkreter Fortschritte und Beispiele wird eine positive Grundlage für ein konstruktives Gespräch geschaffen.

Unterschiedliche Beurteilungen

Frau Loser, bezüglich der von Ihnen und mir gemachten Beurteilung auf dem Qualifikationsbogen sehe ich, dass wir bei der Beurteilung des Arbeitstempos unterschiedliche Meinungen vertreten. Sie sehen hier eine klare Verbesserung, von der ich aber nicht überzeugt bin, deshalb habe ich hier die gleiche Bewertung stehen lassen wie letztes Jahr. Vielleicht haben wir hier verschiedene Auffassungen, in welchen Bereichen wann schnelles Arbeiten wichtig ist. Können Sie mir Ihren Standpunkt oder Ihre Meinung dazu etwas präzisieren?

Beachten:	Auf unterschiedliche Beurteilungen eingehen und diese auch klar nennen – aber mit der Tatsache der Subjektivität und des Blickwinkels und einem gegenseitig präzisierenden Feedback.

Massnahmen bei Leistungsdefiziten

Frau Loser, wir sind also beide der Meinung, dass in der Arbeitsweise und Arbeitstechnik noch Verbesserungsmöglichkeiten bestehen. Es ist kein zentral wichtiger Punkt, da gehe ich mit Ihnen einig, aber dennoch einer, der an Bedeutung gewinnen wird. Es gehört zudem zu Ihren klaren Stärken, dass Sie eine sehr gute Auffassungsgabe haben und vielseitig interessiert sind.

Dies erleichtert das Lernen und ich bin überzeugt, dass Sie mit Ihrer ausgeprägten Lernbereitschaft diese Mängel auch sehr schnell beheben werden. Es gibt hier Angebote unserer IT-Abteilung, Seminare, Abendkurse oder Bücher mit Software kombiniert – auch im Fernunterrichts-System. Was meinen Sie, wie wir hier vorankommen können? Welche dieser Schulungsmassnahmen würde Ihnen am meisten zusagen?

Beachten:	Konkrete Massnahmen ergreifen und Alternativen aufzeigen, wo etwas wie verbessert werden kann. Wichtig ist, dass dies in Abstimmung mit den Bedürfnissen und Vorstellungen des/der Mitarbeitenden geschieht.

Unterschiedliche Beurteilungen und Meinungen

Frau Loser, Sie sind also mit meiner Beurteilung zur Kundenorientierung nicht einverstanden. So wie Sie die Dinge sehen und wo Sie das Schwergewicht legen, kann ich das verstehen. Aber genau hier liegt der Punkt. Für mich ist Kundenorientierung das konkrete, am Telefon und am Empfang an den Tag gelegte Verhalten und nicht Theorien und Memos. Die Freundlichkeit, der Charme, die Bereitschaft zu Kulanz, das mehr-tun-als-erwartet, dies zeichnet Kundenfreundlichkeit aus. So betrachtet müssen Sie hier wirklich noch an sich arbeiten. Die Grundhaltung und die Fähigkeiten dazu haben Sie meiner Meinung nach nämlich klar – nur an der konsequenten und disziplinierten Einhaltung hapert es manchmal.

Beachten: Unterschiedliche Ansichten müssen begründet werden, Fakten und konkrete Beispiele helfen dabei am besten. Unterschiedliche Blickwinkel müssen angesprochen, allenfalls korrigiert werden.

Vorschlag Personalleiter zum weiteren Vorgehen

Sehr gut, Frau Loser, ich danke Ihnen für dieses konstruktive Gespräch, das uns beide etwas weitergebracht hat. Wir sehen jetzt beide gewisse Dinge etwas anders, weil wir unsere Standpunkte und Blickwinkel genauer kennen.

Ich bitte Sie, den Beurteilungsbogen anzupassen, eine kurze Zusammenfassung zu schreiben und die Massnahmen und Ziele festzuhalten. Ich werde das Gleiche tun. Dann setzen wir uns nochmals zusammen für einen letzten Vergleich, unterschreiben dann den Beurteilungsbogen und geben ihn an die Personalabteilung weiter.

Beachten: Was hat das Gespräch bewirkt, wie verbleibt man konkret und was geschieht als Nächstes? So wird auch die Bedeutung unterstrichen und der Verpflichtungsgrad erhöht, Massnahmen zu ergreifen und sich der Konsequenzen bewusst zu sein.

Kritikgespräch

Hintergrundinformationen zum Gesprächsthema

Kritikgespräche sind genauso angebracht, wie Lob- und Anerkennungsgespräche, wenn ungenügende Leistungen oder ein Fehlverhalten dies erfordern. Das Ziel ist, den Gegenstand der Kritik offen und klar auf den Tisch zu legen, das erwartete und korrigierte Verhalten zu beschreiben und im Gespräch zum Ausdruck zu bringen, dass man an eine Lösung des Problems glaubt.

Die Kernelemente dieses Gespräches

Rechtfertigungen, Schuldzuweisungen und pauschale Vorwürfe sind destruktiv und haben in einem solchen Gespräch nichts zu suchen, da sonst nur eine Verhärtung der Fronten die Folge ist und die Bereitschaft zur Verbesserung wesentlich erschwert oder gar verunmöglicht wird.

Mögliche Gesprächsbausteine

Gesprächseröffnung

Guten Tag, Herr Koller, Sie und Ihre Kolleginnen und Kollegen sind zurzeit ja arg im Stress. Sie sind aber jemand, der immer kühlen Kopf bewahrt und auch in hektischen Situationen auf ruhige Weise agiert. Das finde ich echt gut.

Beachten: Eine positive Beobachtung schafft eine konstruktive Grundlage und erhöht die Bereitschaft des Mitarbeiters, die folgende Kritik anzunehmen und Fehler einzugestehen.

Der Gegenstand der Kritik

Es gibt allerdings auch etwas, das ich weniger gut finde, Herr Koller. Und das möchte ich heute gerne mit Ihnen offen besprechen – und dabei aber auch Ihren Standpunkt und Ihre Sicht der Dinge kennenlernen. Es geht um die Verkäufe, die seit mehr als drei Wochen unter Plan sind, wobei sich der Rückstand vergrössert. Zurzeit sind die Verkäufe 30% unter Plan und wir sind schon in der Mitte des Monats. Dass Sie ein guter Verkäufer sind, haben Sie bisher immer bewiesen, ich habe eher den Eindruck, dass der Einsatz und das Engagement stark nachgelassen haben. Täusche ich mich – oder wie sehen Sie das, Herr Koller?

Beachten: Die Kritik, in diesem Fall die ungenügende Verkaufs-
leistung, sollte genau und konkret beschrieben wer-
den. Dann folgt eine Interpretation oder mögliche,
vermutete Gründe. Anschliessend dann die Meinung
des betroffenen Mitarbeiters einzuholen, ist vom Zeitpunkt her angebracht und empfehlenswert.

Stellungnahme des Mitarbeiters zu den Gründen der ungenügenden Leistungen

Ich gebe Ihnen recht, dass das wirtschaftliche Umfeld das Verkaufen
schwieriger macht und die Preiserhöhungen die Situation zusätzlich
erschweren. Auch Ihre Kritik bezüglich der Serviceleistungen ist bis zu
einem gewissen Grad berechtigt. Dieser Punkt ist übrigens Gegenstand
der GL-Besprechung von nächster Woche. Nur – das ist nicht alles. Ich
erwarte von Ihnen schon eine etwas selbstkritischere Haltung. Denn
Einsatz, Disziplin und der Abschlussehrgeiz lassen eindeutig zu wünschen übrig und sind meines Erachtens der Hauptgrund der mangelhaften Verkaufsleistungen. Sehen Sie diese Gründe selbst nicht auch ein?

Beachten: Es ist nie nur der Mitarbeitende allein, der für eine
unbefriedigende Situation verantwortlich ist. Aber es
muss auch das Ziel eines Gespräches sein, Selbstkritik
zu üben und Verantwortung zu erkennen und zu
übernehmen.

Massnahmen zur Verbesserung der Situation

Dass Sie sich etwas ausgebrannt fühlen, die Hektik und der Druck zugenommen haben und Sie zur Zeit Probleme mit Ihrer Freundin haben,
sind Gründe, die ich verstehe. Es sind aber auch Gründe, gegen die wir
gemeinsam etwas unternehmen können, nur beim letzten Punkt muss
ich die Lösung des Problems allerdings Ihnen allein überlassen...

Lösungsvorschläge, die ich mir im Moment vorstellen kann, sind: Eine
temporäre Reduzierung des Verkaufs-Solls, ein Zweitages-
Verkaufstraining, zwei Wochen Urlaub und eine gelegentliche Mitarbeit
im Kundendienst, um etwas aus dem grauen Alltag herauszukommen
und eine andere Seite des Kundenkontaktes kennenzulernen. Was
halten Sie von diesen Vorschlägen? Oder vielleicht haben Sie eigene
Ideen zur Verbesserung der Situation?

Beachten: Kritikgespräche sollten immer lösungsorientiert sein. Und es sind Massnahmen, die zu einer Lösung führen. Wenn sie gemeinsam mit dem Mitarbeitenden erörtert und entschieden werden, sind die Chancen auf Akzeptanz und Erfolg allemal grösser, als wenn sie auf Kommando angeordnet werden.

Stellungnahme des Mitarbeiters zu Lösungsvorschlägen

Sie haben einige interessante Vorschläge, vor allem den einer Erfahrungsaustausch-Gruppe aller mit Kunden in Kontakt stehenden Mitarbeiter finde ich recht interessant. Was die Call Center-Hard- und Software betrifft, glaube ich allerdings nicht, dass dies ein Problem ist oder zur Verbesserung beiträgt.

Ein Vorschlag, Herr Koller: Unterbreiten Sie mir doch eine Liste von drei bis vier Massnahmen mit Terminen und ich mache dasselbe auch. Dann treffen wir uns in einer Woche wieder, besprechen alle Vorschläge, stimmen die Massnahmen gegenseitig ab und setzen sie dann in einen Massnahmenplan mit Terminen und Zielen um. Ist dieses Vorgehen für Sie so in Ordnung?

Das freut mich. Ich bin sehr zuversichtlich, dass wir gemeinsam das Problem schon bald lösen können. Die besprochenen Massnahmen sind auch von Ihrer Seite her sehr sinnvoll und - was letzten Endes am wichtigsten ist – Sie sind ja auch ein wirklich qualifizierter Agent, an den ich glaube und der es wieder packen wird!

Beachten: Schritt für Schritt sollten gemeinsam die Massnahmen besprochen und nach Prioritäten festgelegt werden. Am Ende des Gespräches ist es wichtig, Zuversicht und Optimismus zu signalisieren, dass eine Verbesserung der Situation erzielt werden kann.

Motivationsprobleme

Hintergrundinformationen zum Gesprächsthema

Motivation ist ein entscheidender Faktor der Arbeitszufriedenheit und der Arbeitsqualität und trägt wesentlich zu einem guten Arbeitsklima bei. Je nach Persönlichkeit einerseits und der Qualität der Unternehmenskultur, der Aufgaben und des Führungsstils andererseits sind Mitarbeiter mehr oder weniger motivierbar. Gut motivierbare Mitarbeiter sind gewöhnlich Menschen mit reger Fantasie und guter Selbsteinschätzung, die auf Anpassung an das soziale Umfeld bedacht sind.

Die Kernelemente dieses Gespräches

Im nachfolgenden Leitfaden wird ein Mitarbeiter aufgrund konkreter Beobachtungen und Verhaltensweisen direkt auf Zeichen von Demotivation angesprochen.

Mögliche Gesprächsbausteine

Gesprächseröffnung

Herr Kundert, ich kenne Sie als qualifizierten, einsatzfreudigen und zuverlässigen Mitarbeiter. Doch in den letzten zwei Monaten habe ich ganz einfach immer mehr den Eindruck, dass Sie ohne jede Freude arbeiten, sehr passiv sind und kein Interesse an der Arbeit zeigen.

Ich habe den Eindruck – ich sage das ganz offen und direkt –, dass Ihre Motivation nahezu auf Null gesunken ist. Sehe ich das falsch, oder ist da was dran?

Mögliche Stellungnahme des Mitarbeiters

Ja, was Sie da sagen und beobachten, trifft zu. Ich bin momentan gar nicht motiviert und habe an meiner Arbeit zurzeit keinen Spass. Was mich am meisten stört, ist die Routine. Ich empfinde meine Arbeit je länger desto mehr als monoton – ohne jede Abwechslung und Herausforderung. Vorher half mir der Kontakt zu meiner Kollegin, Angelika Hofmann, darüber hinweg, da ich mich mit ihr sehr gut verstand. Doch seit sie weggegangen ist, fehlt mir dieser Kontakt besonders.

Beachten: Nicht immer mag es dem Mitarbeiter gelingen, konkrete Gründe vorzulegen. Locken Sie ihn dann aus der Reserve, nennen Sie Vermutungen, fordern Sie ihn zu Offenheit und Kritik auf.

Stellungnahme des Personalleiters

Ich bin froh, dass Sie sehr offen sind und die Gründe klar und konkret darlegen. Ich glaube, dass uns dies hilft, das Problem gemeinsam anzugehen und konstruktiv zu lösen. Sie sind schon über fünf Jahre in der gleichen Funktion bei uns tätig. Ich habe Verständnis, dass man irgendwann mal nach Abwechslung und neuen Herausforderungen sucht. Das spricht ja sogar für Sie, dass Sie mehr von sich fordern.

Was müsste denn Ihre Arbeit beinhalten, damit Sie wieder mit mehr Motivation und Freude darangehen würden? Und wieder der alte, an- und zupackende Herr Kundert wären, wie wir ihn kennen?

Beachten:	Lässt es die Begründung zu, sollte der Mitarbeiter in seiner Erwartung konstruktiv bekräftigt werden. Entscheidend ist die letzte Frage, da sie ausgesprochen lösungs- und mitarbeiterorientiert ist.

Stellungnahme des Mitarbeiters

Gar nicht so einfach, das jetzt in wenigen Sätzen zu sagen. Wenn ich mir das aber so überlege, ist es sicher die Abwechslung, auch mal ausserhalb des Büros Menschen zu treffen, mehr Neues lernen zu können und anspruchsvollere Aufgaben zu bekommen. Zudem interessiere ich mich sehr für Organisation und Abläufe. Hier Vorschläge einbringen und Verbesserungen initiieren zu können, wäre superinteressant.

Beachten:	Wichtig ist hier, die Probleme ernst zu nehmen und darauf einzugehen und Verständnis zu zeigen. Dazu gehört auch Selbstkritik bei Fehlern aber ebenso ein klarer Standpunkt bei unrealistischen Erwartungen des Angesprochenen.

Die Entgegnung des Personalleiters/Vorgesetzten

Ich bin froh, dass Sie dermassen klare Vorstellungen haben. Das zeigt mir auch, dass Sie nicht einfach nur herumkritisieren und fordern, sondern eigene konstruktive Erwartungen haben. Ich kann Ihnen jetzt natürlich nicht den 100% auf Sie zugeschnittenen Traumjob "hervorzaubern".

Was ich aber kann, ist mich zu informieren, wo und wie in unserem Unternehmen Ihre Wünsche und Erwartungen am ehesten erfüllt werden könnten.

Konkrete Vorschläge zur Sprache bringen

Es gibt verschiedene Möglichkeiten und Richtungen: Dies könnte eine Tätigkeitsveränderung mit neuen Aufgaben in Ihrer jetzigen Funktion sein, eine neue Funktion oder der Wechsel in eine andere Abteilung überhaupt, eine andere Niederlassung, eine Projektmitarbeit oder eine vorübergehende Doppelfunktion.

Beachten: Das Aufzeigen diverser konkreter Optionen als Entscheidungshilfe ist oft ein guter Weg, der Veränderungsbereitschaft signalisiert und beweist, dass man das Problem ernst nimmt.

Die Meinung des betroffenen Mitarbeiters

Ich habe mir noch gar nie überlegt, wie viele Möglichkeiten es eigentlich gibt. Allein schon das zu wissen, freut mich ungemein.

Ich möchte mir das alles natürlich zuerst überlegen und von Ihnen auch einige Informationen dazu bekommen. Für den Moment scheint mir aber eine Projektmitarbeit und eine vorübergehende Doppelfunktion reizvoll zu sein. Abschliessend beurteilen kann ich das natürlich erst, wenn ich Näheres zu einer solchen Projektmitarbeit und vorübergehenden Doppelfunktion weiss.

Gesprächsabschluss durch den Personalleiter

Ich hole nun mehr Informationen ein, vor allem in die Richtungen, die Sie am meisten interessieren. Es gibt da sogar mehrere Möglichkeiten. Sie selbst könnten mir mal einige Aufgaben zeigen, die Sie besonders gern und gut machen und eine Liste von Tätigkeiten, die Ihnen besonders zusagen. Je nachdem können wir dann auch über Weiterbildungsmassnahmen sprechen, um Ihnen das notwendige Rüstzeug für einen Aufgabenwechsel geben zu können.

Zuversicht signalisieren und konstruktives Gespräch würdigen

Ich habe ein sehr gutes Gefühl, Herr Kundert, dass wir auf dem richtigen Weg sind, denn Sie haben Ziele, klare Erwartungen und sind auch bereit, für die Realisierung einen aktiven Beitrag zu leisten. Dieses Gespräch ist sehr gut verlaufen und Sie haben eine sehr konstruktive Einstellung. Unter diesen Umständen sind auch entsprechend gute Lösungen möglich, die optimal aufeinander abgestimmt werden können.

Beachten: Es ist generell wichtig, den Mitarbeiter immer auch aktiv am Lösungsprozess teilhaben zu lassen und ihn aufzufordern, Eigeninitiative zu entwickeln und Bedürfnisse zu äussern. Wichtig ist auch, ein konstruktiv verlaufenes Gespräch rückblickend als solches zu bezeichnen und diesen Eindruck wiederzugeben.

Die Meinung des betroffenen Mitarbeiters

Ich sehe das genauso. Ich mache mich noch heute Abend daran, meinen Beitrag zu leisten und beginne mit einer solchen Liste und weiteren Überlegungen.

Würdigung eines guten Vorschlages

Hintergrundinformationen zum Gesprächsthema

Es ist ausserordentlich wichtig, kreative und dynamische Mitarbeiter zu haben und deren Vorschläge und Initiativen auch zu würdigen. Bemerkungen zwischen Tür und Angel wie "Das war wirklich gut, Herr Meister" genügen kaum. Vielmehr sollten es offizielle Gespräche sein, in denen Vorschläge und Ideen entsprechend gewürdigt werden.

Die Kernelemente dieses Gespräches

In einem solchen Gespräch geht es darum, den konkreten Nutzen einer Sonderleistung für das Unternehmen zu kommunizieren, dafür aufrichtig und wenn möglich mit Taten zu danken, die Qualifikation und den Wert des Mitarbeiters für das Unternehmen herauszustellen und zu diesem Verhalten zu ermuntern.

Mögliche Gesprächsbausteine

Gesprächseröffnung

Guten Tag, Herr Reimann. Ich komme soeben von einer Besprechung mit der Geschäftsleitung. Es wird Sie freuen, Herr Reimann, zu wissen, dass Ihr Vorschlag, die Produktionstechnologie des Verarbeitungsprozesses für das Produkt XY zu optimieren, der Geschäftsleitung sehr imponiert hat – und der Vorschlag realisiert wird.

Beachten: Geben Sie zu erkennen, dass der Vorschlag von anderen Stellen mitgetragen wird und auf ein sehr positives Echo gestossen ist.

Gratulation zu dieser Idee

Dazu gratuliere ich Ihnen von ganzem Herzen, Herr Reimann. Und ich bin sehr stolz auf Ihr Innovationstalent und Ihre profunden Fachkenntnisse, die hinter diesem Verbesserungsvorschlag stecken. Damit haben Sie einmal mehr bewiesen, dass Sie ein sehr qualifizierter Mitarbeiter sind, der mit Initiative und Engagement zur prosperierenden Weiterentwicklung des gesamten Unternehmens beiträgt.

Beachten: Stellen Sie den Wert des Verbesserungsvorschlages für das gesamte Unternehmen oder zumindest die gesamte Tragweite oder den konkreten Nutzen in den Vordergrund.

Die Belohnung

Nun freut es einen ja sicher, dass Vorschläge und Ideen geschätzt und umgesetzt werden und dass man ein Dankeschön bekommt. Etwas fehlt aber wohl – ja, Sie vermuten richtig, die Tat der Wertschätzung. Und die verdienen Sie unbedingt. Wir haben uns entschieden, Ihnen mit der nächsten Lohnauszahlung einen Bonus von CHF/Euro 8000.— zu überweisen und eine Zusatz-Ferienwoche auf Ihrem Ferienkonto gutzuschreiben.

Damit aber auch Ihre Familie einbezogen ist – sie musste ja durch Ihren Mehreinsatz einige Freizeitstunden ohne Sie auskommen – haben wir für Sie und Ihre ganze Familie einen Städteflug nach Rom im Wert von CHF/Euro 3500.— gebucht.

Beachten: Belohnungen sollten mit Gefühl, mit Anerkennung, mit Humor und mit Fantasie vorgenommen – und kommuniziert werden. So lässt sich deren Wirkung verstärken.

Wie man dieses Verhalten verstärkt und bestätigt

Ich möchte Sie ganz einfach bitten, Ihr Innovationstalent und Ihre immensen Kenntnisse weiterhin in den Dienst des Unternehmens zu stellen. Dafür ist meine Türe jederzeit besonders weit offen. Fachkurse oder spezifische Weiterbildungen finanzieren wir natürlich auch jederzeit sehr gerne für Sie. Herr Reimann, ich versichere Ihnen auch im Namen der Geschäftsleitung, dass Ihr Ideenreichtum und Ihre Initiative für uns sehr wertvoll und hilfreich sind.

Bausteine für motivierende Mitarbeitergespräche

Zuversicht für eine Verbesserung signalisieren

Es freut mich, dass Sie diese Chance packen wollen und genauso daran glauben, dass es funktionieren wird, wie ich. Ihre konstruktive Grundhaltung und Ihre Zuversicht sind sehr gute Voraussetzungen für gemeinsame Fortschritte und eine baldige Lösung des Problems.

Verbesserungswünsche eines Mitarbeitenden erfahren

Frau Meister, angenommen, Sie könnten zwei bis drei für Sie besonders wichtige Anliegen und Dinge ganz nach Ihren Vorstellungen ändern – welche wären das? Das kann übrigens Ihre Aufgabe, Ihren Arbeitsplatz oder das Team und die Organisation des gesamten Unternehmens betreffen.

Unterschiedliche Beurteilungen und Meinungen

Sie sind also mit meiner Beurteilung zur "Situation XY" nicht einverstanden. So wie Sie die Dinge sehen und wo Sie das Schwergewicht legen, kann ich das verstehen. Aber genau hier liegt der Punkt. Für mich ist bei "Situation XY" das konkrete, an den Tag gelegte Verhalten das Entscheidende und nicht Theorien und Memos mit gut klingenden Absichtserklärungen. Letztlich zählen immer nur Taten und welche Resultate daraus entstehen.

Verbindliche und klare Abmachungen

Ich bin wirklich erleichtert und froh, dass wir miteinander gesprochen haben. Vor allem stimmt mich zuversichtlich, dass Sie sich offensichtlich helfen lassen möchten und das Problem erkennen. Das ist immer ein sehr wichtiger erster Schritt! Legen wir jetzt zusammen die nächsten Schritte fest. Geht es Ihnen ähnlich?

Zur offenen Aussprache ermuntern und ermutigen

Frau Muster, Sie haben eine sehr sympathische und gewinnende Art, mit Leuten zu kommunizieren. Mit offenen Gefühlen auf jemanden zuzugehen und zu sprechen, kann Wunder bewirken und eine Verhaltensänderung auslösen, die man vorher nicht für möglich hielt. Was meinen Sie denn, was passieren würde, wenn Sie es dennoch täten?

Den Wert einer Aus- und Weiterbildung darlegen

Nebst dem hohen Wert des gewonnen Wissens beweist man mit einem Abschluss auch Fähigkeiten, die für das Unternehmen ausgesprochen wertvoll sind: Initiative, Beharrlichkeit, Einsatz und Lernwillen. Gerade im Bereich Ihres Faches ist qualifiziertes Know-how auf aktuellem Stand von grosser Bedeutung für unser Unternehmen. Wie sehen Sie denn nach diesem Abschluss Ihre Zukunft in unserem Unternehmen?

Wertschätzung eines ausserordentlichen Einsatzes

Es ist wirklich allerhöchste Zeit, Herr Muster, Ihnen dafür – nicht einfach nur zwischen Tür und Angel – sondern hier und jetzt allerhöchste Anerkennung für Ihre Leistung und ein herzliches Dankeschön auszusprechen! Ihre Leistungen und Ihr Einsatz sind für unser Unternehmen von allergrösstem Wert. Aber auch ich persönlich habe von Ihnen und Ihrer Arbeitsmoral eine sehr hohe Meinung – und einen grossen Respekt. Das will ich hier mit aller Deutlichkeit betonen und festhalten. Die genau gleiche Meinung wird übrigens von der gesamten Geschäftsleitung vertreten.

Offenes Ansprechen von Problemen

Doch, in letzter Zeit haben Sie sich stark verändert. Und das in eine Richtung, die mir Sorgen macht. Flüchtigkeitsfehler wie die Falschlieferungen von letzter Woche, Ihr immer häufigeres Zuspätkommen, das passive Verhalten bei den wöchentlichen Besprechungen und allein in den letzten zwei Monaten zwei Fehlzeiten sind einige Beispiele, Herr Muster. Auch sonst wirken Sie auf mich in letzter Zeit sehr <Verhalten XX>, zuweilen sogar <Verhalten XY>. Wie sehen Sie das? Täusche ich mich oder haben Sie berufliche oder private Probleme?

Klarmachen, dass das Anliegen ernst genommen wird

Wie Sie mir das jetzt geschildert haben, verstehe ich sehr gut, dass diese Sache Sie beschäftigt. Ich habe den Eindruck, dass es sich für Sie um ein grosses Problem handelt, und ich möchte es in diesem Gespräch deshalb noch besser verstehen.

Zielvorgaben definieren und umsetzen

Die Unternehmensleitung möchte Qualitätsverbesserungen in den Bereichen Service, Fertigung, Logistik und Forschung erreichen. Für uns ist der Servicebereich erstrangig. Es würde mich interessieren, wo Sie hier Verbesserungspotenzial sehen. In welchen Bereichen können wir, Ihrer Meinung nach, qualitativ und quantitativ vorwärtskommen? Ich finde diesen Punkt gut. Halten Sie eine Steigerung der Zufriedenheitsquote unserer Kunden von 80% auf 90% für realistisch? Welche Chancen sehen Sie im Schulungsbereich?

Gemeinsam Ziele vereinbaren

Meines Erachtens muss auch die Software dringend modernisiert werden, damit wir professionellere Statistiken und Auswertungen machen können. Welche Meinung vertreten Sie in diesem Punkt? Sehen Sie hier auch Verbesserungspotenzial? Ich möchte die Ziele mit Ihnen festlegen und diskutieren. Ich bin mir bewusst, dass Ihre Erfahrung und Ihre Kenntnisse wesentlich dazu beitragen, dass wir eine realistische Zielplanung haben, hinter der wir dann auch alle stehen können.

Auf Vertrauen basierende Gesprächsgrundlage schaffen

Ich verstehe Sie gut, es ist manchmal wirklich schwierig, zu sagen, wo die Gründe liegen. Dass Sie so viele Gründe nennen, zeigt mir, dass Sie sich mit Ihrer Situation intensiv auseinandersetzen und Ihnen der Leistungsrückgang nicht gleichgültig ist. Das ist schon einmal ein sehr gutes Zeichen. Ihre Kritik mit fehlendem Erfahrungsaustausch und Teamgeist trifft übrigens zu. Ich muss mir dazu wirklich Gedanken machen und bin froh, dass Sie mich darauf hingewiesen haben.

Mit konkreten Massnahmen verbleiben

Ein Vorschlag, Herr Muster: Unterbreiten Sie mir doch eine Liste von drei bis vier Massnahmen mit Terminen und ich mache dasselbe auch. Dann treffen wir uns in einer Woche wieder, besprechen alle Vorschläge, stimmen die Massnahmen gegenseitig ab und setzen sie dann in einem Massnahmenplan mit Terminen und konkreten und messbaren Zielen um. Ist dieses Vorgehen für Sie so in Ordnung?

Verständnis und Einfühlungsvermögen signalisieren

Ich kann Sie sehr gut verstehen, Frau Muster. Ein solcher Vorfall kann einen ganz schön durcheinanderbringen. Und schliesslich soll man Niedergeschlagenheit und Frustration auch spüren und verarbeiten können und nicht einfach verdrängen. Aber wissen Sie, was ein erfolgreicher Mann einmal gesagt hat – und er hatte völlig recht: "Umfallen ist keine Schande, aber liegen bleiben sehr wohl". Sie sind eine Frau mit sehr vielen Stärken und Begabungen, Frau Muster. Nutzen Sie diese, um wieder aufzustehen. Ich weiss, Sie können es und ich helfe Ihnen auch sehr gerne dabei.

Gratulation zu einer guten Idee

Dazu gratuliere ich Ihnen von ganzem Herzen, Herr Muster. Ich bin sehr stolz auf Ihr Innovationstalent und Ihre Fachkenntnisse, die hinter dieser Idee stecken. Damit haben Sie einmal mehr bewiesen, dass Sie ein sehr qualifizierter Mitarbeiter sind, der mit Initiative und Engagement entscheidend zur Weiterentwicklung des Unternehmens beiträgt. Lob und Anerkennung aussprechen

Konkret Lob und Anerkennung aussprechen

Herr Muster, wir arbeiten nun über zwei Jahre zusammen. Ich habe Sie immer als qualifizierten und engagierten Mitarbeiter geschätzt, das gilt genauso für das vergangene Jahr. Die herausragendste Leistung war Ihr Projekt XY, das Sie professionell, schnell und mit grossem Teamengagement realisiert haben. Dabei haben Sie auch Führungsqualitäten bewiesen, da Sie alle Mitarbeiter für die Ziele begeistern konnten und in Kürze ein zupackendes "Winner-Team" zustande brachten. Das ist eine Spitzenleistung, auf die Sie in jeder Beziehung stolz sein können!

Wertschätzung der Leistung bei Austritt

Ich möchte Ihnen auf jeden Fall für Ihre hervorragende Leistung herzlich danken, Frau Muster. Sie haben sehr viel in dieses Unternehmen eingebracht. Ihre Initiative und Ihre gewinnende und souveräne Art haben mir dabei besonders imponiert. Trotz Ihrer positiven Grundhaltung haben Sie aber auch auf einige Schwachstellen hingewiesen und Verbesserungen initiiert. Ich kann Ihnen daher nur sagen, dass das Zeugnis logischerweise exzellent ausfallen wird, Sie können darauf sehr stolz sein!

Anerkennung nach verbesserter Leistung

Frau Solinaria, wir hatten in letzter Zeit ja einige Probleme mit der Termineinhaltung und der Arbeitseffizienz. Sie haben jetzt aber grosse Fortschritte erzielt und bewiesen, dass Sie sich mit viel Disziplin zum Guten verändern können. Dazu möchte ich Ihnen gratulieren und zeigen, wie sehr mich Ihre Fortschritte freuen.

Lob und Anerkennung bei mangelndem Selbstvertrauen

Sie verfügen über mehr Qualitäten, als Sie selbst wissen, Herr Konrad. Ihr Fachwissen, Ihr Beharrungsvermögen, Ihre Innovationsgabe und ihr Organisationstalent sind Stärken, auf die Sie wirklich stolz sein können. Und es sind vor allem auch Stärken, die ich und der Betrieb sehr schätzen und brauchen.

Anerkennung für Sondereinsatz

Frau Kandelmann, ich finde es grossartig, wie Sie sich in den letzten zwei Wochen ins Zeug gelegt haben. Ohne Sie hätten wir diesen engen Termin nie geschafft. Dafür möchte ich Ihnen herzlich danken – und bei dieser Gelegenheit auch sagen, wir froh ich bin, in Ihnen jemanden bei mir und im Team zu haben, auf den ich stets zählen kann und der mich nie im Stich lässt.

Anerkennung zu abgeschlossener Ausbildung

Herr Kachelmann, willkommen im Club der PR-Profis. Ihr Diplomabschluss ist Klasse und ich bin froh, in Ihnen nun einen Fachmann zur Seite zu haben, der die Materie fundiert und ganzheitlich kennt und beherrscht. Beeindruckt hat mich aber auch, wie beharrlich und diszipliniert Sie den Abschluss neben Ihrem Job geschafft haben und welche Ausdauer Sie damit an den Tag gelegt haben.

Lob und Anerkennung für eine einfache Arbeit

Herr Muster, Sie und Ihre Arbeit stehen bei uns leider manchmal etwas abseits im Schatten anderer. Doch ohne Ihre zuverlässige, schnelle und pünktliche Spedition wäre alles gar nicht möglich, denn der Kunde ist erst zufrieden und wir haben erst dann den Umsatz, wenn das Produkt bei ihm eingetroffen ist. Und das ermöglichen Sie – Tag für Tag – und auf sehr professionelle Art und Weise.

Talent-Anerkennung

Mit dieser Arbeit haben Sie einmal mehr bewiesen, wie talentiert und stark Sie auf dem Gebiet der "Stärke" sind. Sie haben damit eine hervorragende Arbeit abgeliefert, für die ich Ihnen danken möchte. Seien Sie stolz auf Ihr Talent und pflegen Sie es, es ist für unser Team und das Unternehmen sehr wertvoll.

Würdigung eines besonderen Vorschlages

Diese Idee ist super, darauf muss man erst mal kommen. Sie und unsere Abteilung können echt stolz darauf sein. Für das Unternehmen ist dieser Vorschlag ungemein wertvoll, weil wir damit den Umsatz markant steigern können und unseren guten Ruf als serviceorientiertes Unternehmen noch mehr stärken können. Herzlichen Dank dafür.

Literatur- und Stichwortverzeichnis

Literaturverzeichnis

Albs, Norbert	*Wie man Mitarbeiter motiviert*	Berlin
Andrzejewski, L.	*Trennungskultur*	Neuwied
Arnold, R.	*Betriebspädagogik*	Berlin
Bembenek, W.	*Stellenbeschreibungen für Führungskräfte*	Düsseldorf
Böhringer, Peter	*Lehrgang Arbeitsrecht*	Zürich
Niermeyer	*Motivation*	Freiburg
Brocks, W.	*Teamarbeit für Ingenieure*	Düsseldorf
Clifton, Donald	*Entdecken Sie Ihre Stärken jetzt*	München
Eberhard, U.	*Beschäftigungswirksame Arbeitszeitmodelle*	Zürich
Edwards, M.	*360°-Beurteilung*	München
Tschumi	*Praxisratgeber zur Personalentwicklung*	Zürich
Golemann, D.	*Emotionale Intelligenz*	München
Haberleitner, E.	*Führen, Fördern, Coachen*	Frankfurt
Haberkorn, A.	*Praxis der Mitarbeiterführung*	Renningen
Harlander, N.	*Personalwirtschaft*	Landsberg
Jettrer, M.	*Effiziente Personalgewinnung*	Stuttgart
Mack, B.	*Führungsfaktor Menschenkenntnis*	Landsberg
Malik, F.	*Führen, Leisten, Leben*	Stuttgart
Meffi/Pifko	*Personalarbeit im Unternehmen*	Zürich
Müller, Robert	*Systematische Mitarbeiterbeurteilungen*	Zürich
Olesch/Paulus	*Innovative Personal-Entwicklung in der Praxis*	München
Rosenstiel, L.	*Führung von Mitarbeitern*	Stuttgart
Schmitz, L.	*Mitarbeitergespräche*	München
Schuler, H.	*Psychologische Personalauswahl*	Göttingen
Sprenger, R. K.	*Mythos Motivation*	Offenbach
Tschumi, M. A.	*Lexikon für das Personalwesen*	Zürich
Tschumi, M. A.	*Praxisratgeber zur Personalentwicklung*	Zürich
Tschumi, M. A.	*Musterbriefe und Musterreglemente*	Zürich
Jörg Zeyeringer	*Der Treppenläufer*	Zürich

Stichwortverzeichnis

PRAXIUM-Verlagsprogramm und Downloadadresse

Nachfolgend finden Sie einige Titel und Themen aus dem Sortiment des PRAXIUM-Verlages. Mehr Informationen und das jeweils aktuelle Programm mit Zusatzinformationen und ausführlichen Inhaltsangaben finden Sie im Internet auf unserer Verlags-Webseite unter **www.praxium.ch**

- Arbeitshandbuch für die Zeugniserstellung
- Bewerber - Mustergespräche für erfolgreiche Interviews
- Erfolgreich in der ersten Chefposition
- Erfolgreiche Personalgewinnung und Personalauswahl
- Fachlexikon für das Human Resource Management
- Formulare und Mustervorlagen für die erfolgreiche Personalpraxis
- Handbuch für eine aktive und systematische Mitarbeiterkommunikation
- Kennzahlen-Handbuch für das Personalwesen
- Leitfaden erfolgreiche Mitarbeitergespräche u. Mitarbeiterbeurteilungen
- Mit den besten Interviewfragen die besten Mitarbeiter gewinnen
- Mit wirksamen Zielvereinbarungen zu nachhaltigen Erfolgen
- Mitarbeitergespräche erfolgreich, sicher und souverän führen
- Mustergespräche für Mitarbeiterbeurteilung und Zielvereinbarungen
- Praxisratgeber zur Personalentwicklung
- Ratgeber zum Schweizer Arbeitsrecht
- Stellenbeschreibungen für die Personalpraxis
- Systematische Mitarbeiterbeurteilungen und Zielvereinbarungen
- Trennungsmanagement - fair, verantwortungsbewusst und konstruktiv
- Handbuch für ein wirksames Gehaltsmanagement
- Work-Life-Balance: Soziales Modell oder ökonomische Chance?
- Praxishandbuch flexible Arbeitszeitmodelle
- Praxishandbuch zu Mitarbeiterbefragungen
- Checklisten für die erfolgreiche Personalarbeit

Alle Arbeitshilfen, Vorlagen, Mustertexte, Übersichtstafeln und Checklisten können unter praxium.ch/885510 downgeloadet werden.